NEUES GROSSES NATUR LEXIKON FÜR KINDER

Marlies Knoke

Compact Verlag

Liebe Leserin, lieber Leser,

wenn du mit offenen Augen und neugierig durch die Natur gehst, werden dir immer wieder Dinge auffallen, über die du gern etwas mehr wissen möchtest. An einem Regentag hast du dich vielleicht schon einmal gefragt, wie denn das Wetter eigentlich entsteht. Wie entwickelte sich überhaupt das Leben von Pflanzen, Tieren und uns Menschen auf der Erde? Und warum zählt der Blauwal zu den Säugetieren und nicht zu den Fischen, obwohl er doch im Wasser lebt? Was versteht man unter Ökologie und was genau ist der Treibhauseffekt?

Fragen über Fragen: Wir haben uns mal schlau gemacht und versucht, auf diese Fragen Antworten zu finden, die man auch verstehen kann.

Um es für dich einfacher und übersichtlicher zu machen, haben wir die über 60 interessantesten Themen nach der Einleitung in diesem Buch alphabetisch sortiert. Jedes Thema beleuchten wir aus verschiedenen Blickwinkeln. Bei vielen geben wir dir auch Anregungen, wie du selbst experimentieren und Dinge überprüfen oder herausfinden kannst. Diese Anregungen findest du in den farbig unterlegten Kästen. Es gibt auch Kästen, die besonders spannende Informationen enthalten. Die beginnen mit der Frage: „Hast du schon gewusst ..."

In der Natur besteht ein Zusammenhang zwischen den unterschiedlichen Details. Deshalb kommt es in den Texten immer wieder vor, dass du ein Wort in **grüner** Schrift findest. Das verweist dich auf ein anderes Thema, das mit dem gerade gelesenen in engem Zusammenhang steht. Zu dem kannst du dann an anderer Stelle im Buch Einzelheiten nachlesen. Du musst dieses Buch also nicht von vorn bis hinten durchlesen, sondern kannst dich auch von den grünen Wörtern leiten lassen und so kreuz und quer durchs Buch springen.

Für den Fall, dass du ein spezielles Stichwort suchst, haben wir für dich im Anhang – ab Seite 152 – ein Stichwortverzeichnis im Buch. Da findest du die meisten wichtigen Begriffe, zu denen du vielleicht Informationen suchst – wieder alphabetisch geordnet. Wenn du also etwas nicht im Inhaltsverzeichnis findest, schau einfach dort nach.

Das war's für den Anfang. Blättere das Buch einfach erst mal durch und verschaff dir einen Überblick. Und dann überlege, was dich am meisten interessiert – damit fängst du an. Viel Spaß dabei!

Impressum

Alle Angaben wurden sorgfältig recherchiert, eine Garantie bzw. Haftung kann dennoch nicht übernommen werden.
Text: Marlies Knoke
Chefredaktion: Evelyn Boos
Redaktion: Simone Steger
Produktion: Wolfram Friedrich
Abbildungen: IFA-Bilderteam, München; dpa Picture-Alliance, Frankfurt
Gestaltung: Axel Ganguin
Umschlaggestaltung: Inga Koch

ISBN 3-8174-5834-7
5458341

Besuchen Sie uns im Internet:
www.compactverlag.de

Was ist Natur?

Die Natur ist der Teil der Welt, der in seiner ursprünglichen Entstehung nicht vom **Menschen** beeinflusst wurde. Dazu gehören Seen und Urwälder, **Meere** und **Gebirge**, **Wüsten** und **Steppen**, die nach ihren eigenen Gesetzmäßigkeiten gewachsen sind und sich verändern – ohne dass wir unsere Hand im Spiel haben.

Im Einklang mit der Natur

Zu Beginn der Menschheitsgeschichte lebten die Menschen im Einklang mit der Natur. Sie aßen, was sie fanden, jagten die Tiere, die sie erwischen konnten, und veränderten wenig an der Welt um sich herum. Damit sie auch dann überleben konnten, wenn ihnen das Wetter oder **Naturkatastrophen** einen Strich durch die Rechnung machten und sie nicht genügend Nahrung finden konnten, begannen sie, Nahrung anzupflanzen und Vorräte anzulegen. So haben sich die Menschen Schritt für Schritt weiterentwickelt. Und je mehr sie sich verändert haben, um so mehr veränderten sie auch die Natur um sich herum. Sie rodeten **Wälder**, um Weiden für ihre Viehherden und Platz für neues Ackerland zu gewinnen. Sie bauten Städte und Dörfer und die Tiere, die dort bisher gelebt hatten, mussten sich andere Lebensräume suchen. Sie vernichteten durch Jagd und Fischfang ganze Tiergattungen.

Heute leben nur noch wenige Völker auf der Erde im völligen Einklang mit der Natur. Sie werden Naturvölker genannt und sind dort zu Hause, wo Menschen wie du und ich nicht hinkommen, zum Beispiel in den Bergregionen Papua Neuguineas. Aber solche unberührten Gegenden werden immer weniger.

Naturschutz schützt auch uns Menschen

Landschaften, die der Mensch verändert hat, um sie zum Beispiel zum Anbau von Nahrungsmitteln zu nutzen oder Bodenschätze abzubauen, nennt man Kulturlandschaften. In früheren Zeiten hat der Mensch getan, was er konnte, um sich die Erde so weit wie möglich nutzbar zu machen. Dabei hat er sich keine Gedanken darüber gemacht, was passiert, wenn **Flüsse** verschmutzen und das Leben darin deshalb stirbt. Oder ob man das Wasser aus den Quellen und Brunnen noch trinken kann, wenn die Äcker überdüngt werden. In der Natur hängt alles sehr eng miteinander zusammen und voneinander ab. Deshalb sollten wir mit unseren Ressourcen sehr sorgfältig umgehen und unsere Lebensgrundlage nicht zerstören. Das Bewusstsein über ökologische Zusammenhänge wächst. Seit 1986 gibt es in Deutschland ein eigenes Ministerium, das sich um den Schutz der Natur kümmert: das Bundesumweltschutzministerium.

Heute bemühen sich immer mehr Menschen überall auf der Erde darum, die Natur um sich herum zu schützen, um sie zu erhalten. Sie haben sich in internationalen Verträgen dazu verpflichtet. Die Vereinten Nationen (UN) zum Beispiel haben ganze Regionen als Biosphärenreservate unter besonderen Schutz gestellt. Außerdem gibt es in vielen Ländern Naturschutzparks und Gesetze gegen **Umweltverschmutzung**. Aber noch haben längst nicht alle Menschen begriffen, wie wichtig es für ihr eigenes Überleben ist, die Natur zu schützen.

Viele Menschen bemühen sich, die Natur zu schützen

Wie entstand die Erde?

Soweit man heute weiß, begann die Geschichte der Erde vor ungefähr 4,6 Milliarden Jahren. Wenn du bedenkst, dass seit Beginn unserer modernen Zeitrechnung erst etwas mehr als 2000 Jahre vergangen sind, dann sind 4,6 Milliarden Jahre eine unvorstellbar lange Zeit.

Urwolke aus Staub und Gasen

Vor 4,6 Milliarden Jahren begann sich eine riesige Urwolke aus Staub und Gasen im Weltall zu einer Art Scheibe zu verdichten. Mittendrin entstand als Energiezentrum unsere **Sonne**. An den äußeren Rändern ballten sich Materiekugeln zu **Planeten** zusammen, die von der Energie der Sonne angezogen wurden. Deshalb begannen sie um die Sonne zu kreisen. Aus einer dieser Materiekugeln entstand viel später unsere Erde.

Wie konnten aus losen, gas- und staubförmigen Materieklumpen feste Planeten werden? Die Meinungen darüber gehen auseinander. Vermutlich sind die Teilchen zusammengestoßen oder haben sich gegenseitig angezogen und so einen Kern gebildet, der nach und nach immer dichter wurde. Die Gasmasse wuchs, entwickelte eine eigene Schwerkraft und zog damit immer mehr Materie an. Dabei konzentrierten sich im Inneren dieses Klumpens schwere Stoffe, während die leichteren am äußeren Rand blieben. Irgendwann ist diese Masse abgekühlt. Dann wurde sie zuerst flüssig und später fest.

Die Geschichte unserer Erde hat vor ungefähr 4,6 Milliarden Jahren begonnen

Schwerer Erdkern

Mittendrin bildete sich ein schwerer Kern aus zusammengeklumpten Eisen- und Nickelteilchen. Als nächste Schicht lagerten sich die leichteren Silicate und Sulfide ab. Diese Mineralien wurden zusammengepresst und daraus entstand der Basaltmantel, der seitdem den Kern der Erde umgibt. Die leichtesten Stoffe aus dem ursprünglichen Materienklumpen stiegen bis an dessen Ränder und erstarrten dort zur späteren Erdkruste. Die Gashülle vom Anfang hatte sich mittlerweile aufgelöst, Meteoriten und kosmischer Staub fielen auf die junge Erde. Das kann man noch heute in der Erdkruste sehen: Das Becken des Nördlinger Rieses ist ein 15 Millionen Jahre alter Meteoritenkrater mit einem Durchmesser von zirka 25 Kilometern. In der Antarktis wurden viele Meteoriten gefunden, den größten mit einem Gewicht von 55 Tonnen fand man in Namibia.

Ungeheure Vulkanausbrüche

Das Innere der Erde war schon damals ein glühend heißer Kern aus flüssigem Gestein, dem Magma. Dieses Magma war ständig in Bewegung und brach immer wieder explosionsartig an die Erdoberfläche durch. Bei diesen ungeheuren Ausbrüchen entstanden riesige **Vulkane**. Gase strömten gleichzeitig aus der Tiefe nach oben, vor allem Kohlendioxid und Stickstoff. Diese Gase verdichteten sich über lange Zeiträume zu einer Ur-Atmosphäre – noch ohne Sauerstoff. Mit den Gasen und dem flüssigheißen Gestein aus dem Inneren der Erde entstand auch et-

Die Erdkugel, vom Weltall gesehen

Die Entstehung der Kontinente zog sich über Millionen von Jahren hin

was anderes zum ersten Mal: Wasserdampf. Er verdichtete sich in der jungen **Atmosphäre** zu großen Wolken – und der erste Regen prasselte auf die Erde.

Neue Stoffe entstehen

All das dauerte jeweils unvorstellbar lange. Währenddessen kühlte die Erde langsam ab. Die lang anhaltenden, sintflutartigen Regenfälle erzeugten neue chemische Stoffe. Die **Meere** entstanden. Aber auch die Vulkane waren weiterhin aktiv. Immer neue Feuer speiende Kegel brachen hervor, die jeweils oberste Gesteinsschicht schmolz jedes Mal wieder unter der sengenden Hitze. Trotzdem verfestigten sich im Laufe von Jahrmillionen riesige zusammenhängende Schollen aus Granitgestein. Sie schwammen auf der zähflüssigen Masse und stießen irgendwann zusammen. Diese große zusammenhängende Gesteinsmasse bildete einen riesigen Urkontinent. Nach Millionen von Jahren drifteten Teile dieses Urkontinents wieder auseinander und wurden zu unseren heutigen **Kontinenten**.

Zwischen diesen Kontinenten sammelte sich das Wasser zu Ozeanen. Darin entstand – wiederum über lange Zeiträume hinweg – nach und nach das erste Leben, Zellen, die so winzig waren, dass man sie mit dem bloßen Auge nicht hätte sehen können. Aus ihnen entwickelten sich erste mikroskopisch kleine Pflanzenzellen, die zur **Fotosynthese** fähig waren. Damit erzeugten sie den ersten Sauerstoff der Erdgeschichte. Das geschah vor ungefähr 2,5 Milliarden Jahren.

Sauerstoff macht Leben möglich

In der Ur-Atmosphäre gab es keinen Sauerstoff. Aus dem Stoff, den die winzigen ersten Grünpflanzen in den Meeren erzeugten, entstand die **Ozonschicht**. Sie liegt seitdem wie ein großer Sonnenschirm über der gesamten Erde und schützt sie vor den gefährlichen ultravioletten (UV-) Strahlen der Sonne. Erst mit Sauerstoff und der schützenden Ozonschicht konnte auf der Erde Leben entstehen. **Pflanzen**, **Tiere** und wir **Menschen**.

Die Erde aus dem All betrachtet

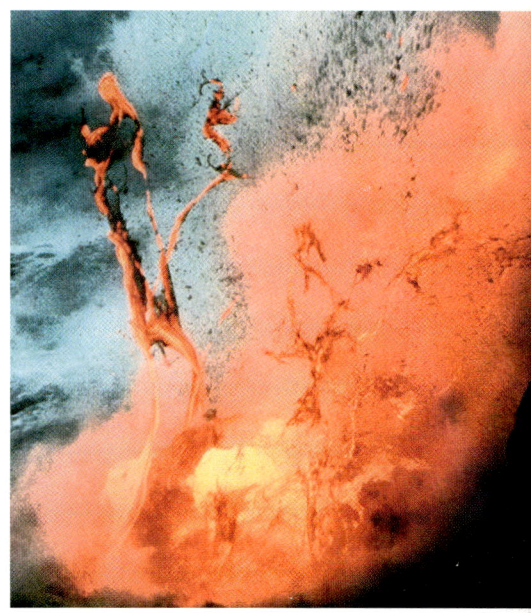

Vulkanausbruch

Erloschener Vulkan

Bausteine des Lebens

Das erste Leben konnte entstehen, weil sich in der „Ursuppe", den allerersten **Meeren** auf der Erde, winzige Organismen gebildet hatten, die in der Lage waren, Sauerstoff zu erzeugen. Sauerstoff ist also ein wesentlicher Baustein der Natur. Die ersten lebenden Wesen auf der Erde, die diesen Sauerstoff aus Kohlendioxid und der Sonnenenergie hergestellt haben bestanden hauptsächlich aus Eiweißstoffen und Nukleinsäuren. Kohlendioxid und Sonnenenergie sind zwei weitere wichtige Bausteine des Lebens.

Leben steckt in der kleinsten Zelle

Jedes Lebewesen braucht diese Grundbausteine. Denn daraus bestehen seine kleinsten Einheiten, die Zellen. Es gibt auch Kleinstlebewesen, die aus nur einer Zelle bestehen. Das sind die so genannten Einzeller. Sie vermehren sich, indem sie sich in der Mitte teilen. Diesen Vorgang nennt man Zellteilung.

Jede Zelle hat einen Zellkern. Darin steckt die gesamte Erbinformation – also der Bauplan für das komplette Wesen. Zum Beispiel stecken in der winzigen Eizelle eines Blauwals alle Informationen, die zum Aufbau und Erhalt des 150 Tonnen schweren Tieres nötig sind. Das Lebewesen wird größer, indem sich seine Zellen immer wieder teilen und damit verdoppeln. Alle Zellen vermehren sich auf diese Weise. Dabei teilt sich der Zellkern jedes Mal mit, und so sind diese Informationen am Ende in jeder der Millionen und Abermillionen Körperzellen des Wals enthalten. Das fanden Biologen vor ungefähr 100 Jahren heraus – und wurden damit zu den ersten Genforschern.

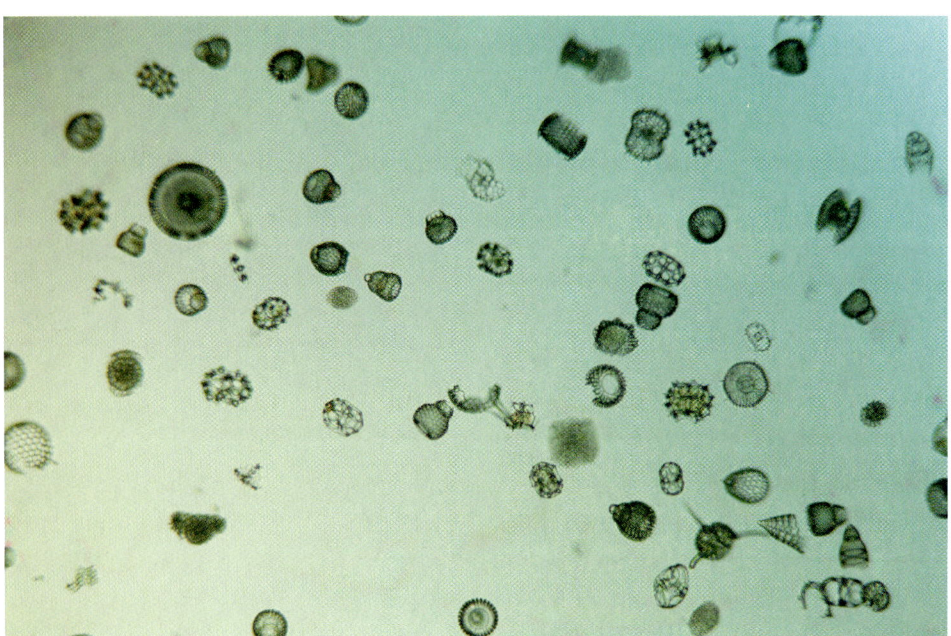

Mikroskopaufnahme einer Zelle

Wie eine Miniaturfabrik

Du kannst dir eine Zelle wie eine chemische Fabrik vorstellen, die aus bestimmten Grundelementen immer wieder neu das Leben aufbaut. Wichtige Grundelemente beim Menschen und fast allen Tieren sind die Nukleinsäuren – die ja schon in der „Ursuppe" Grundlage für das Entstehen von Leben waren. Dazu kommen die Kohlenhydrate. Sie speichern Energie. Fette speichern ebenfalls Energie und bauen die Membranen der Zelle auf. Weitere wichtige Grundstoffe sind Proteine, also Eiweißstoffe, die wir auch schon aus der Ursuppe kennen. Einige Eiweißstoffe, man nennt sie Aminosäuren, bauen die Zelle auf. Andere Eiweißstoffe, die so genannten Enzyme, beschleunigen chemische Reaktionen, beispielsweise bei der Zellteilung. All diese Grundbausteine kommen auf der einen Seite in die Fabrik hinein – und erzeugen in einem stetigen chemischen Prozess das Leben.

Wachsen und altern

Die Zellteilung ist wichtig, damit du wachsen kannst. Solange du

PROBIER ES AUS!

Zu viel Fett in der Nahrung ist ungesund. Du kannst leicht herausfinden, ob ein Nahrungsmittel viel Fett enthält. Dazu brauchst du ein weißes Blatt Papier, einen Bleistift und verschiedene Lebensmittel, zum Beispiel Butter, Margarine, Sahne, Zitrone, Honig, Kartoffelchips, Popcorn. Male nun so viele Kreise auf das Papier wie du Lebensmittel testen willst. Schreib unter jeden Kreis den Namen des Lebensmittels – und gib dann jeweils eine kleine Probe davon in den Kreis. Warte eine Viertelstunde. Dann entferne die Proben wieder und schau dir das Papier von beiden Seiten an. Einige Kreise werden trocken sein, andere fettig. Denn das Fett aus den Lebensmitteln hat sich zwischen die feinen Fasern im Papier gesetzt und breitet sich dort aus. Andere Flüssigkeiten hingegen trocknen rasch und sind nicht mehr zu sehen.

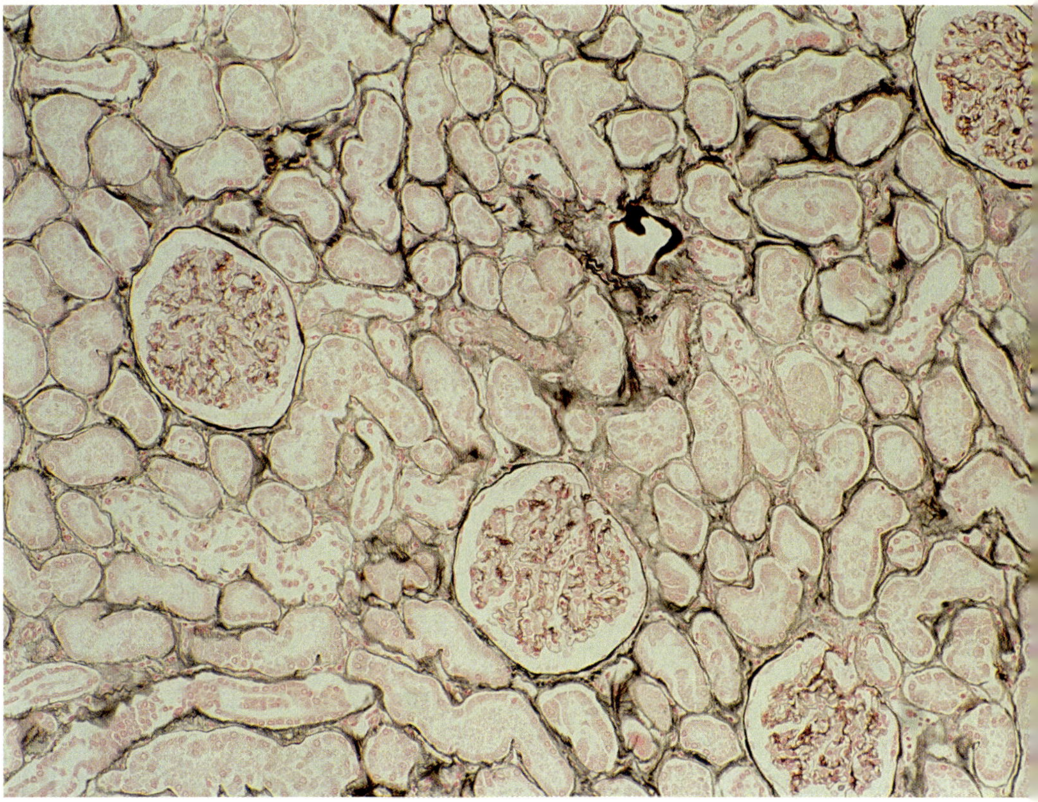

Mikroskopaufnahme einer Zelle

wächst, geht sie am schnellsten. Wenn du deine endgültige Körpergröße erreicht hast, teilen sich die Zellen immer langsamer – und das bedeutet, dass du zu altern beginnst. Man sieht es nicht sofort, weil dieser Prozess sehr langsam anfängt. Aber schon mit Anfang 20 beginnt ein Mensch alt zu werden, weil dann das Tempo der Zellteilung nachlässt. Das ist auch bei allen anderen Lebewesen so, sogar bei **Pflanzen**.

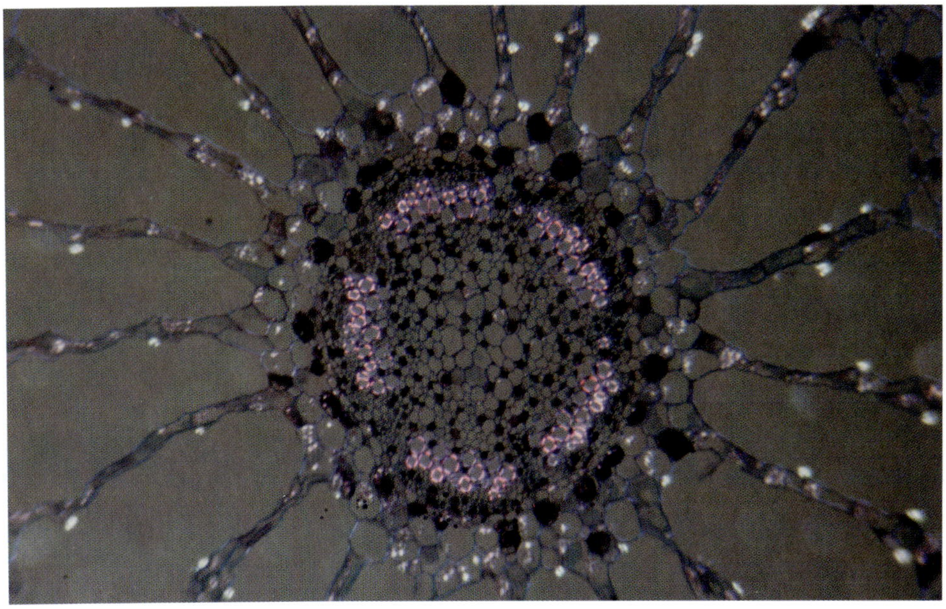

Mikroskopaufnahme einer Pflanzenzelle

Damit die Zellteilung funktionieren kann, müssen Bestandteile der Zellen immer wieder als Nahrung von außen ergänzt werden. Pflanzen sind in der Lage, ihre Nahrung durch **Wasser**, **Sonne** und Bestandteile aus der Luft selbst herzustellen. **Menschen** und **Tiere** nehmen sie auf, indem sie essen. Damit du gesund bleibst, ist es wichtig, dass du mit deiner Nahrung genügend Kohlehydrate, Eiweiße und andere Nährstoffe isst. Sie sind für dich die täglichen Baustoffe deines Lebens.

Amphibien ...

Amphibien gehören zu den ältesten Tieren der Erde. Zu den einheimischen Amphibien zählen Frösche, Kröten, Salamander, Unken und Molche. Insgesamt leben in Deutschland heute noch 21 Arten von ihnen.

Ganz schön alt

Amphibien gibt es schon seit Jahrmillionen. Das Wort stammt aus dem Griechischen und bedeutet „in beiden lebend" – also an Land und im Wasser. Die ersten Amphibien, von denen man weiß, waren die Quastenflosser – ursprünglich Fische, die vor etwa 400 Millionen Jahren lernten, auch an Land zu leben. Sie gelten als Urväter aller an Land lebenden Tiere.

Lurche

Das deutsche Wort für Amphibie ist Lurch. Es kommt vom niederdeutschen „Lork" für „Kröte". Die heute bekannten Amphibienarten sind zwischen einem Zentimeter und anderthalb Metern groß. Amphibien atmen zwar mit Lungen, aber sie können nicht ohne Wasser leben. Denn sie müssen ihre dünne, oft mit Drüsen und Warzen übersäte Haut immer feucht halten, um nicht auszutrocknen.

Alles Leben kommt aus dem Wasser

Dieser Satz gilt für alle Lebewesen aber ganz besonders für Amphibien: Die meisten von ihnen beginnen ihr Leben im Wasser, denn dort legen die Weibchen ihre Eier ab. Diese Eier heißen auch Laich, haben keine feste Schale und sehen aus wie Geleekügelchen. In der Sonne würden sie schnell vertrocknen. Bei Fröschen und Kröten werden aus dem Laich erst einmal Kaulquappen, die wie kleine schwarze Fische durchs Wasser flitzen. Erst wenn ihre Lunge sich entwickelt hat, wachsen ihnen vier Beinchen und sie können als kleine Frösche und Kröten auch an Land gehen.

Frösche stehen unter Artenschutz

Vom Aussterben bedroht

Schuhe aus Schlangenleder, Krokodillederhandtaschen – das sollte es eigentlich nicht mehr geben, denn viele Reptilienarten stehen ebenso wie die Amphibien unter Naturschutz. Diese Tiere, die zu den ältesten der Erde gehören, sind schon deshalb vom Aussterben bedroht, weil Sümpfe trocken gelegt, Urwälder abgeholzt und Bäche kanalisiert werden. Ihr Lebensraum schrumpft gefährlich. Auch bei uns stehen Amphibien und Reptilien seit 1980 nach der Bundesartenschutzverordnung unter Naturschutz. Deshalb ist es zum Beispiel verboten, Laich oder Kaulquappen aus einem See zu holen, um sie im Terrarium oder im eigenen Gartenteich anzusiedeln.

Amphibien können nicht ohne Wasser leben, sonst trocknen sie aus

... und Reptilien

Schlangen können mit dem Maul riechen

100 Millionen Jahre jünger: die Reptilien

Reptilien sind Echsen, Krokodile, Schildkröten und Schlangen. Vor etwa 300 Millionen Jahren haben sich die ersten Reptilien aus einer Gruppe der Amphibien entwickelt. Sie waren von Anfang an auf das Leben an Land vorbereitet und sind nicht auf das Wasser angewiesen wie die Amphibien. Ihre Haut hat robuste Hornschuppen, sie atmen mit Lungen und legen Eier, die durch harte Schalen vor der Sonne und anderen äußeren Einflüssen geschützt sind. Die größten Reptilien, von denen wir heute wissen, waren die **Dinosaurier**. Die sind allerdings vor etwa 65 Millionen Jahren ausgestorben.

Reptilien in Deutschland

Laut Naturschutzbund Deutschland gibt es heute in Deutschland noch 14 Reptilienarten: die Äskulapnatter, die Aspisviper, die Blindschleiche, die Europäische Sumpfschildkröte, die Glattnatter, die Kreuzotter, die Kroatische Gebirgseidechse, die Mauereidechse, die Ringelnatter, die Smaragdeidechse, die Waldeidechse, die Westliche Smaragdeidechse, die Würfelnatter und die Zauneidechse.

Wie viele Arten gibt es?

Die Amphibien- und Reptilienforscher, man nennt sie Herpetologen, wissen selbst nicht so genau, wie viele Arten es auf der Erde gibt. Zum Beispiel gibt es in den tropischen Regenwäldern noch viele Gebiete, die kaum erforscht sind. Außerdem verändern sich gerade in tropischen Ländern die Lebensbedingungen recht schnell. Die Tiere passen sich diesen Veränderungen an und es entstehen neue Arten. Auf der anderen Seite sterben fast täglich Arten aus, viele vermutlich, noch ehe sie entdeckt werden konnten. Aus all diesen Gründen schwanken die Schätzungen der Wissenschaftler über die Zahl der Amphibien- und Reptilienarten, die derzeit auf der Erde leben, zwischen 30.000 und 300.000.

HAST DU SCHON GEWUSST,

dass Schlangen mit dem Maul „riechen“? Dort haben sie ein so genanntes Jacobson’sches Organ. Damit können sie Gerüche gewissermaßen schmecken. Deshalb züngeln Schlangen: Sie fangen mit der Zunge den Geruch eines Beutetiers ein und schmecken dann in ihrem Maul schon vorab, welches Tier sie vor sich haben. Übrigens haben andere Tiere ebenfalls dieses ganz spezielle Sinnesorgan, auch Hunde und Katzen.

Reptilien sind nicht auf ein Leben am Wasser angewiesen

Äquator

Der Äquator ist gewissermaßen der Gürtel, den die Erde um den Bauch hat. Er teilt sie genau in der Mitte in eine nördliche und eine südliche Halbkugel. Weil sie dort am breitesten ist, ist die Gegend um den Äquator herum auch während des gesamten Jahres der Sonne am nächsten und damit am wärmsten. Der Äquator ist ungefähr 40.075 Kilometer lang.

Wie ein Gitter

Um die Erde zu vermessen und sich zu orientieren, wurde sie in gedachte Linien unterteilt, in Längen- und Breitengrade. Die Längengrade führen von Norden nach Süden – vom Nordpol zum Südpol. Die Breitengrade umrunden die Erde. Der längste Breitengrad ist der Äquator. Er ist der Breitengrad 0. Von diesem bis zum Nordpol verlaufen die Breitengrade 1 bis 90 nördlicher Breite, vom Äquator bis zum Südpol zählt man die Breitengrade südlicher Breite. Der Längengrad 0 verläuft durch Greenwich in England. Alles, was westlich davon ist, wird als westliche Länge bezeichnet, alles östlich davon als östliche Länge. Deutschland liegt zum Beispiel ungefähr zwischen dem 49. und 55. Grad nördlicher Breite und dem 6. und 15. Grad östlicher Länge.

An dieser Stelle läuft der Äquator durch Ecuador

DATUMSGRENZE

Beim Überschreiten der Datumsgrenze von West nach Ost gilt das gleiche Datum zwei Tage lang, in die Gegenrichtung wird ein Tag übersprungen.

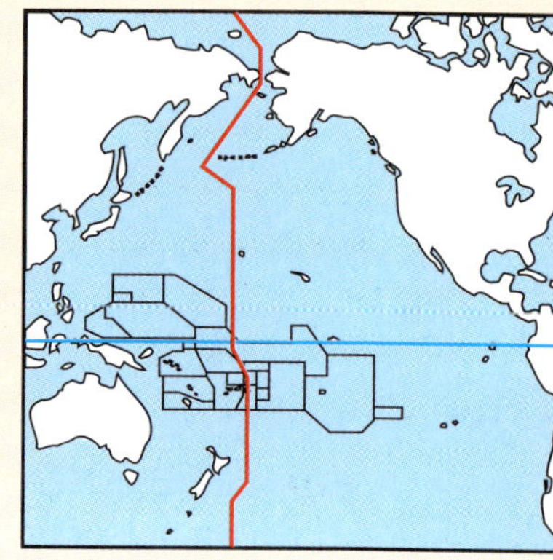

Wiege der Winde

Die Mutter der Winde ist sozusagen die Sonne. Sie scheint das ganze Jahr über fast senkrecht auf den Äquator und erwärmt dort die Luft am stärksten. Die erwärmte Luft dehnt sich aus und strömt zu den Polen, also nach Norden und Süden. Ein Teil dieser

HAST DU SCHON GEWUSST,

dass du am Äquator ungefähr ein Prozent weniger wiegst als wenn du auf einem der Pole stehst? Das hängt mit der Fliehkraft und der Schwerkraft zusammen. Die Fliehkraft ist die Kraft, die dich durch die Drehbewegung der Erde nach oben zieht, die Schwerkraft zieht dich nach unten auf die Erde. Am Äquator wirkt die Fliehkraft am stärksten und die Schwerkraft am geringsten. An den Polen ist das genau umgekehrt. Ein Mensch mit einem Gewicht von 100 Kilogramm am Nordpol würde deshalb am Äquatot nur 99 Kilogramm wiegen.

Luft sinkt etwa ab dem 30. Breitengrad – das ist im Norden ungefähr auf der Höhe von Mexiko und Indien und im Süden bei Südafrika und Australien – nach unten und fließt zurück zum Äquator. Das sind die Passatwinde. Ein anderer Teil der Luft fließt weiter zu den Polen. Weil die Erde sich dreht, wird ein Teil davon abgelenkt. Das sind die Westwinde. Die Luftmassen, die schließlich bei den Polen ankommen, fließen dann als polare Ostwinde wieder zurück zum Äquator.

Die Erde setzt „Speck" an

Seit ein paar Jahren wird die Erde um ihre Mitte herum langsam etwas fülliger, haben Wissenschaftler herausgefunden. Durch Messungen mit hochempfindlichen Lasergeräten konnten sie bis 1998 feststellen, dass der Umfang der Erde am Äquator langsam abgenommen hatte. Das haben sich die Forscher damit erklärt, dass die Eismassen an Nord- und Südpol seit der letzten Eiszeit vor rund 10.000 Jahren kleiner und leichter geworden sind und deshalb weniger Druck auf die Erdmitte ausüben. Warum die Erde nun aber um den Äquator herum wieder „dicker" wird, weiß niemand so genau.

PROBIER ES AUS!

Das Zusammenspiel von Fliehkraft und Erdanziehungskraft kannst du am schönsten beim Achterbahnfahren erleben. Wenn du gerade nicht in der Nähe einer Achterbahn bist, kannst du auch einfach einen kleinen Plastikeimer nehmen und einen Tennisball hineinlegen. Dann bindest du eine Schnur von etwa einem halben Meter an den Eimergriff und schleuderst den Eimer über deinem Kopf im Kreis. Pass auf, dass nichts in der Nähe ist, was du mit dem Eimer treffen könntest! Der Ball wird nicht aus dem Eimer fallen, auch wenn der mit der Öffnung nach unten zeigt. Denn die Fliehkraft gleicht in einem solchen Fall die Schwerkraft aus. Das funktioniert übrigens auch, wenn Wasser im Eimer ist – aber das probierst du besser im Freien aus.

Eine Frau steht in Greenwich (England) auf dem Längengrad 0

Artenschutz

Durch die Abholzung der Wälder geht der Lebensraum vieler Arten verloren

Viele Tausend Tier- und Pflanzenarten sind im Laufe der Erdgeschichte bereits ausgestorben. Einige liegen heute als **Fossilien** in Museen. Diese versteinerten Überreste gleichen meist keiner lebenden Art. Ebenso verschwanden vor ungefähr 65 Millionen Jahren die **Dinosaurier** von der Erde. In den letzten 200 Jahren starben mehr als 50 Vogel- und 75 Säugetierarten aus. Aber heute, sagen die Wissenschaftler, stirbt alle paar Minuten eine Tier- oder Pflanzenart aus.

Klimaveränderungen

Seit die Erde existiert, hat sich das Klima oft dramatisch verändert. Wurde es wesentlich kälter, überlebten das die tropischen Tiere und Pflanzen nicht. Wenn es heißer wurde, verschwanden Lebewesen von der Erde, die zu viel Hitze nicht vertrugen. Solche Veränderungen können zum Beispiel durch Meteoriten ausgelöst werden, große Steinbrocken aus dem Weltraum, die auf die Erde fallen. Wissenschaftler vermuten, dass ein solcher Meteorit vor 65 Millionen Jahren der Grund dafür war, dass die Dinosaurier ausgestorben sind.

Papageien sind besonders vom Tierhandel bedroht

Umweltzerstörung

Um 1920 gab es in Australien noch rund zwölf Millionen Koalabären. Seit Europäer diesen Kontinent besiedeln, wurden jedoch 80 Prozent der Eukalyptusbäume zerstört. Diese sind die Hauptnahrungsquelle der Koalas. Heute leben deshalb nur noch etwa 100.000 von ihnen. Das ist nur eines von vielen Beispielen, die zeigen, dass der Mensch der größte Feind der Natur ist. Wir schlagen Bäume ab, weil wir das Holz oder neue Weiden für das Vieh brauchen. Wir legen Feuchtgebiete trocken, um dort Getreide anzubauen. Wir bauen Straßen, Brücken, Städte und Staudämme. Jedes Mal zerstören wir damit den Lebensraum vieler Tier- und Pflanzenarten.

Umweltverschmutzung

Auch das ist ein Beispiel dafür, wie wir Menschen die Natur – und damit unseren eigenen Lebensraum – zerstören. Wir leiten Abwässer in **Flüsse** und **Seen**. Immer wieder kippen große Frachter Gift einfach in die **Meere**, um es loszuwerden. Oder Öltanker verunglücken und überziehen das Meer mit riesigen Ölteppichen. All das zerstört den Lebensraum von Fischen und anderen Wasserbewohnern. Auch die **Bäume** in un-

WASHINGTONER ARTENSCHUTZABKOMMEN

Im Washingtoner Artenschutzabkommen haben sich 51 Staaten verpflichtet, den Handel mit Tier- und Pflanzenarten zu beschränken, um so ihren Bestand nachhaltig zu schützen.

seren Wäldern leiden unter Giften: Autoabgase und saurer Regen machen sie krank. Das trifft letzten Endes auch uns Menschen. Wir brauchen nämlich die Bäume und Pflanzen, denn sie produzieren den Sauerstoff, den wir zum Atmen benötigen (siehe **Fotosynthese**).

Krankheiten

In wenigen Stunden erreicht man heute mit dem Flugzeug einen anderen Kontinent. Dabei kann man, ohne es zu merken, Krankheiten mitnehmen. Auch Insekten oder infizierte Tiere in unserer Begleitung können sie übertragen. Gegen Krankheiten aus einem anderen Teil der Welt besitzen die einheimischen Tier- und Pflanzenarten meist keine Abwehrstoffe.

Versteinerung

Koalabären sind gefährdet

Jagd

Der Sibirische Tiger ist die größte Raubkatze der Welt. Vor rund hundert Jahren lebten noch ungefähr 100.000 von ihnen. Heute sind es kaum noch 7500. Denn die Menschen besiedeln den Lebensraum dieser großen Katze Zug um Zug. Noch dazu stellen Wilderer dem schönen Tier nach. Wie dem Sibirischen Tiger geht es vielen Tieren in vielen Regionen der Erde. Zum Beispiel wurden einige Walarten wegen ihres Trans und Fleisches so übermäßig gejagt, dass heute nicht mehr viele von ihnen leben. Obwohl sie mittlerweile unter Naturschutz stehen, unternehmen einige Länder immer wieder Versuche, eine Jagderlaubnis für Wale zu bekommen.

Wildtierhandel

Viele Tausend wilde Tiere werden jedes Jahr gefangen und als exotische Haustiere verkauft. Besonders gefragt sind tropische **Vögel** oder **Fische**, aber auch **Reptilien** und **Amphibien**. Die meisten von ihnen leben in Gefangenschaft nicht lange. Es werden zwar auch ganz legal Tiere für Zoos gefangen. Aber vielen Tierhändlern sind die Bedürfnisse der Tiere gleichgültig. Es ist ihnen egal, dass viele der Tiere schon beim Transport elend sterben.

Unentdeckte Arten

2003 haben Forscher im brasilianischen Dschungel eine Wildschweinart entdeckt, die bis dahin noch kein westlicher Forscher gesehen hatte: das Riesenpekari. So etwas passiert häufiger. Es werden immer wieder „neue" Tier- und Pflanzenarten entdeckt. Auch unter den vielen Arten, die jedes Jahr aussterben, vermuten die Forscher viele, die sie noch gar nicht kennen.

Seltene Orchidee

Wal

Atmosphäre

Die Atmosphäre ist die Lufthülle, die unsere Erde umgibt. Das Wort kommt aus dem Griechischen und setzt sich zusammen aus „atmos“ (Dunst) und „spaira“ (Kugel).

Klimamantel und Schutzhülle

Du kannst dir die Atmosphäre, also diese Lufthülle rund um die Erde, wie ein Kleid vorstellen. Sie gleicht die Temperaturen aus und sorgt so dafür, dass die Erde nicht zu heiß und nicht zu kalt wird. Damit bestimmt sie auch das Wetter auf unserem Planeten. Außerdem schützt sie uns vor den gefährlichen ultravioletten Sonnenstrahlen. Ehe es die Atmosphäre gab, haben diese Strahlen jedes Leben auf der Erde verhindert.

Erst Grün macht Leben möglich

Die Atmosphäre, wie wir sie heute kennen, existiert seit etwa 2,5 Milliarden Jahren. Damals entwickelten sich in den Meeren zum ersten Mal winzige Lebewesen, die es schafften, die Energie des Sonnenlichts für ihre Ernährung zu nutzen. Warum sie sich auf einmal entwickeln konnten, weiß man nicht. Aber diese Pflanzen haben sozusagen die **Fotosynthese** erfunden. Das ist ein chemischer Prozess, durch den grüne Pflanzen Sauerstoff erzeugen. Nur sie können das. Deshalb ist Leben auf der Erde nur möglich, solange es genügend grüne Pflanzen gibt.

HAST DU SCHON GEWUSST,

dass Luft ein Gewicht hat? Das hat der Naturforscher Otto von Guericke (1602-86) herausgefunden. Die Gase in der Luft sieht man zwar nicht, aber sie haben trotzdem eine Masse. Die Schwerkraft drückt sie ständig nach unten. Alles, was eine Masse hat und von der Erde angezogen wird, hat auch ein Gewicht. Ein Kubikmeter Luft wiegt etwas mehr als ein Kilogramm, ungefähr so viel wie ein Liter Wasser. Die Luft in deinem Zimmer wiegt also etwa so viel wie ein kleines Kind.

Leben auf der Erde ist nur möglich, weil es grüne Pflanzen gibt

Sonnenschirm Ozon

Etwa 20 bis 30 Kilometer über der Erdoberfläche liegt eine ganz besondere Luftschicht, die **Ozonschicht**. Ozon ist ein Gas, das chemisch nur ein wenig anders aufgebaut ist als der Sauerstoff, den wir atmen. Die Ozonschicht schluckt sehr wirksam die ultravioletten Sonnenstrahlen. Damit wirkt sie wie ein riesiger Sonnenschirm. Erst seit es die Ozonschicht gibt, konnten Tiere aus den Meeren an Land gehen und sich Leben auf der Erde außerhalb der Meere entwickeln. Und schließlich im Laufe der Zeit auch wir Menschen.

Dicke Luft!

Die Luft, die du ständig einatmest, besteht überwiegend aus Gasen. Du kannst sie nicht sehen, schmecken oder riechen. 78 Prozent davon sind Stickstoff, von dem man heute weiß, dass er ein wichtiger Baustein des Lebens ist. 21 Prozent sind Sauerstoff, den wir und die meisten Tiere zum Atmen brauchen. Nur 0,03 Prozent sind Kohlendioxid, das die Pflanzen zur Fotosynthese brauchen. Außerdem sind noch mehr als 1600 andere Gase in der Luft – und nicht zuletzt Staub. In einem Kubikmeter trockener Luft wirbeln 150.000 Staubkörnchen. In hellem Sonnenlicht kannst du sie manchmal sehen.

PROBIER ES AUS!

Du kannst beweisen, dass Luft Masse hat: Nimm eine Wasserflasche und stecke oben einen Trichter hinein. Dann dichtest du den Raum zwischen Flaschenhals und Trichter luftdicht mit Knete ab – so dass wirklich kein bisschen Luft mehr in die Flasche kommen kann. Und nun gieße von oben Wasser in die Flasche. Du wirst sehen: Erst fließt das Wasser schnell, dann immer langsamer und schließlich – die Flasche sieht noch längst nicht gefüllt aus – passt nichts mehr hinein. Die Flasche ist nämlich doch voll – zur Hälfte mit Wasser und halb mit zusammengepressten Luftmolekülen.

Die Atmosphäre ist für die Erde wie ein Kleid

Die Lungen der Erde

Sauerstoff ist das Gas, das Leben auf der Erde überhaupt erst ermöglicht. Nicht nur weil wir Sauerstoff zum Atmen brauchen. Ohne ihn gäbe es keine Ozonschicht und ohne Ozonschicht würde die Sonne alles Leben auf der Erde verbrennen. Alles hängt also an den grünen Pflanzen, die den Sauerstoff produzieren. Deshalb sind die Wälder so wichtig, besonders die riesigen Urwälder. Aber ebenso wichtig ist die Gesundheit des Lebens in den Meeren. Denn wie vor 2,5 Milliarden Jahren produzieren noch heute die grünen Mikroalgen in den Meeren Sauerstoff. Dieser Sauerstoff aus den Meeren macht heute die Hälfte des gesamten Sauerstoffs der Erde aus.

Die Ozonschicht umgibt die Erde

Atom

Alles auf der Erde besteht aus Atomen. Atome sind die kleinsten Bestandteile jeder Materie. Du kannst dir kaum vorstellen, wie klein so ein Atom ist. Ein Wassertropfen zum Beispiel besteht aus 6.000.000.000.000.000.000.000 Atomen.

Protonen, Elektronen und Neutronen

So klein das Atom auch ist, es besteht aus noch viel kleineren Teilen. Am größten ist der Atomkern mittendrin. In seinem Inneren stecken Protonen und Neutronen. Um ihn herum kreisen so genannte Elektronen wie Planeten um die Sonne. Weil feste Materie ebenso aus Atomen besteht wie flüssige und gasförmige, sind Atome sehr unterschiedlich aufgebaut und zusammengesetzt.

Radioaktivität – natürlich!

Nicht alle Atome sind radioaktiv. Aber radioaktive Atome sind in der Natur etwas ganz Normales. Die Radioaktivität entsteht, wenn die Kerne dieser Atome zerfallen, indem sie mit großer Wucht kleinere Teilchen herausschleudern. Dabei entsteht Energie, die „strahlt". Man kann sie weder riechen noch sehen, noch hören. Aber man kann sie messen: mit einem so genannten „Geigerzähler".

Natürliche Radioaktivität schadet niemandem. Es gibt aber auch künstliche Radioaktivität, zum Beispiel durch Elektrizität. Sie geht von Geräten wie Fernsehern, Computern oder Handys aus. Manche Menschen reagieren auf diese künstliche Strahlung empfindlich. So weit Wissenschaftler es heute sagen können, wird sie aber erst ab einer bestimmten Stärke bedenklich. Am schlimmsten ist es, wenn durch einen Unfall in einem Atomkraftwerk eine größere Menge Radioaktivität in die Umwelt gelangt.

HAST DU SCHON GEWUSST,

dass ein Atomkern vergleichsweise schwer ist? Er ist nur etwa 1/1.000.000.000.000 so klein wie das ganze Atom. Das ist ein Billionstel. Damit du dir das vorstellen kannst, denk dir, der Atomkern wäre so groß wie eine Himbeere. Würdest du diese Himbeere mitten in ein Fußballstadium legen, dann liefen die Elektronenbahnen ungefähr durch die oberen Zuschauerreihen. So klein ist der Atomkern im Vergleich zum gesamten Atom. Aber in ihm konzentriert sich mehr als 99 Prozent der Masse, also des Gewichts des gesamten Atoms. Vergleiche das wieder mit der Himbeere: Angenommen, man könnte einen Atomkern in Größe dieser Himbeere herstellen, dann würde er 30 Millionen Tonnen wiegen. Nichts könnte diesen himbeergroßen Atomkern vom Fleck bewegen.

In Atomkraftwerken werden Atomkerne gespalten und so Energie erzeugt

Strom aus Atom

Zu den radioaktiven Atomen gehören zum Beispiel Plutonium, Radium und Uran. Seit den 30er Jahren des vergangenen Jahrhunderts können Menschen die Kerne dieser Atome spalten und so **Energie** künstlich erzeugen. Am 20. Dezember 1951 wurde auf diese Weise in einem Versuchsreaktor im US-Staat Idaho zum ers-

Ein Wassertropfen besteht aus Milliarden von Atomen

PROBIER ES AUS!

Verbindungen von Atomen sind Moleküle. Wasser besteht zum Beispiel aus Wassermolekülen. Jedes Wassermolekül hat zwei Wasserstoffatome (das chemische Zeichen dafür ist H) und ein Sauerstoffatom (chemisches Zeichen: O). Deshalb heißt Wasser auch H_2O. Unsere Frage: Bewegen sich Wassermoleküle schneller in kaltem oder in heißem Wasser? Um das herauszufinden, brauchst du zwei gleich große Gläser. In eins füllst du kaltes, in das andere die gleiche Menge heißes Wasser. Nun gib in jedes Glas einen (genau gleich großen) Tropfen Lebensmittelfarbe. Wie lange dauert es, bis die Farbe sich verteilt hat? Du wirst sehen, im heißen Wasser geht es schneller, denn dort bewegen sich die Moleküle aufgrund der Wärmeenergie schneller.

ten Mal Strom erzeugt. Keine zehn Jahre später, am 7. März 1961, lieferte der erste Atomreaktor in Deutschland Strom. Heute allerdings, mehr als 40 Jahre später, hat man gelernt, dass der Mensch die Radioaktivität nicht beherrschen kann. Denn einmal freigesetzt, strahlt sie viele Jahre lang weiter und ist eine Gefahr für das Leben. Deshalb werden bei uns keine Atomkraftwerke mehr gebaut. Diejenigen, die schon existieren, werden in den nächsten Jahren geschlossen.

Atombombe

Radioaktivität kann auch direkt töten. Wenn sie in einer Atombombe steckt. Zum ersten und bisher zum Glück einzigen Mal wurden Atombomben im Zweiten Weltkrieg ausprobiert. Amerikanische Kampfflieger warfen sie über zwei japanischen Städten ab, über Hiroshima und Nagasaki. Dort haben sie in wenigen Minuten tausendfach Angst und Tod verbreitet. Noch Jahrzehnte später starben Menschen an den Folgen. Heute will man durch internationale Verträge verhindern, dass Atombomben gebaut werden. Trotzdem besitzen eine Reihe von Ländern diese gefährliche Waffe.

Wassertropfen

Inzwischen werden in Deutschland keine Atomkraftwerke mehr gebaut

Bakterien

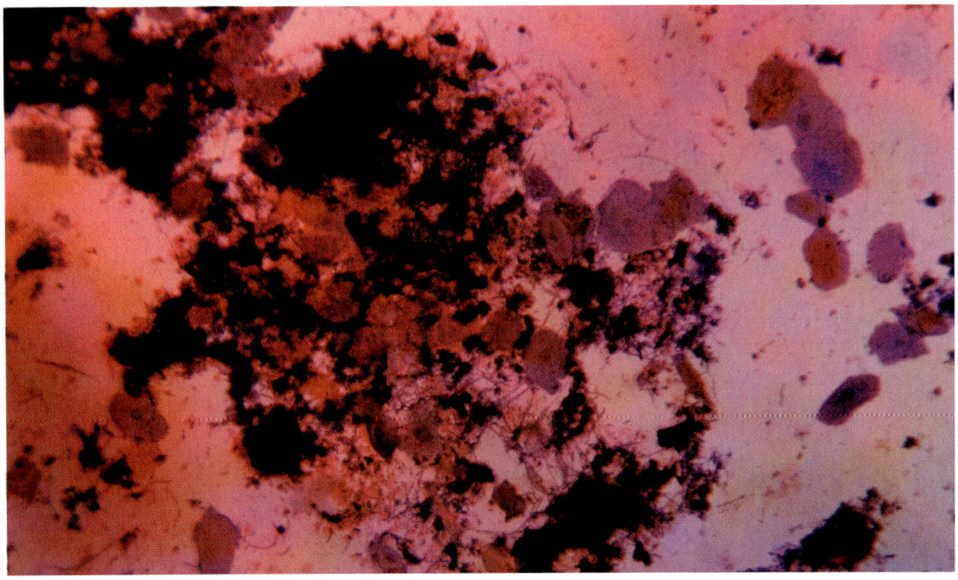

Mikroskopaufnahme einer Bakterie

Denkst du auch sofort an Krankheit, wenn du das Wort Bakterien hörst? Das ist nicht ganz falsch, aber auch nicht ganz richtig. Denn es gibt zwar Bakterien, die krank machen, aber andere wiederum sind lebenswichtig. Man kennt heute mehr als 2500 verschiedene Bakterien in unterschiedlichen Formen. Aber es sind bestimmt noch lange nicht alle entdeckt worden.

Bakterien sind Einzeller

Bakterien sind winzig klein. Sie bestehen aus einer einzigen Zelle und man kann sie nur unter einem sehr starken Mikroskop überhaupt sehen. Sie gehören zu den ältesten Lebewesen auf der Erde. Schon vor Jahrmillionen gab es auf der Erde Bakterien. Sie konnten seitdem alle Klimaveränderungen überleben, weil sie sich an fast jedes denkbare Klima anpassen können. Bakterien existieren in der Luft, im Wasser und in der Erde, ja sogar am eisig kalten Nordpol. Sie vermehren sich rasend schnell, weil sie sich einfach teilen. Bakterien gehören weder zu den Pflanzen noch zu den Tieren, sondern bilden eine eigene Gruppe. Es gibt Bakterien in fast jedem Lebewesen. Auch in deinem Körper leben unzählige von ihnen. Ohne die Bakterien in deinem Darm könntest du beispielsweise dein Essen gar nicht verdauen.

Bakterien im Boden

Schau dir mal eine Hand voll Gartenerde genau an. Schon in dieser kleinen Menge existieren mehr Lebewesen als Menschen auf der ganzen Erde. Die meisten davon sind Bakterien. Diese Bakterien machen den Boden nicht etwa krank, ganz im Gegenteil: Sie wandeln seine Bestandteile um, so dass darin gesunde Pflanzen wachsen können. Bestimmte Bakterien stellen zum Beispiel den Stickstoff her, den die Pflanzen als Nahrung brauchen. Und wir brauchen die Pflanzen als Nahrung. Deshalb brauchen wir die Bakterien.

Viele Bakterien leben vom Tod

Alles in der Natur hängt miteinander zusammen. Bakterien sind ein wichtiger Teil der Nahrungskette – der letzte und damit gleichzeitig auch der erste. Das klingt nur auf den ersten Blick widersprüchlich. Wenn beispielsweise ein Tier stirbt, fällt es zu Boden und wird dort von anderen Tieren – Aasfressern – gefressen. Was übrig bleibt, fressen Insekten wie Ameisen oder Käfer. Die allerletzten Reste werden schließlich von den Bakterien im Boden zersetzt und wieder zu Erde. Damit wird das

PROBIER ES AUS!

Bakterien zersetzen organische Abfälle, bis sie zu Kompost, also hochwertiger Erde werden. Das siehst du in jedem Komposthaufen. Du kannst auch in eine kleine Schüssel etwas Erde tun und ein Stück Gurke darauf legen. Dann siehst du hautnah, was passiert. Wenn die Gurkenscheibe dabei unangenehm zu müffeln beginnt, ist das ganz normal, denn bei diesem Zersetzungsprozess entstehen Gase.

HAST DU SCHON GEWUSST,

dass es ohne Bakterien weder Jogurt noch Käse gäbe? Beides kann nur entstehen, indem der Milch so genannte Milchsäurebakterien zugesetzt werden. Diese besonderen Bakterien sind übrigens sehr gesund für unsere Verdauung.

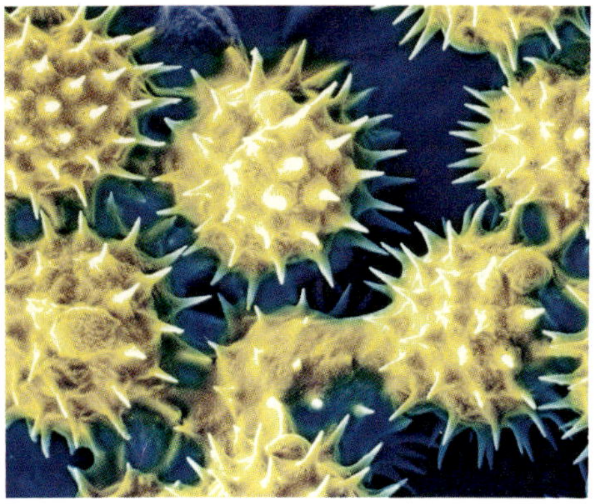

Bakterien

gestorbene Tier wieder zu einem Teil des Lebens, denn aus dieser Erde ernähren sich Pflanzen, die von Tieren gefressen werden, die wiederum von Fleisch fressenden Tieren gefressen werden. Deren Überreste fallen zu Boden und das Ganze beginnt von vorn. Und wer frisst die Bakterien? Niemand.

Gesund durch Bakterien

Du warst nur einmal im Leben frei von Bakterien: als du geboren wurdest. Schon in den ersten Lebensstunden stürzen sich Unmengen von Bakterien auf so ein kleines Baby und klettern durch seinen Mund in sein Inneres. Sie setzen sich im Inneren der Därme ab und helfen, die Nahrung, die du isst, zu verdauen. Die Nährstoffe bleiben im Körper, damit er wächst und gesund bleibt. Was der Körper nicht verwerten kann, landet am Ende in der Windel – oder später in der Toilette. Und von dort wieder im ewigen Kreislauf der Natur.

Krank durch Bakterien

Nun haben wir die Bakterien genügend gelobt. Kommen wir zu ihren Schattenseiten: Ja, es gibt auch viele Bakterien, die krank machen. Sie verbreiten zum Beispiel Pest und Cholera ebenso wie Diphterie oder Wundstarrkrampf. Auch Salmonellen, die besonders Kinder richtig krank machen können, sind Bakterien. Zum Glück gibt es dagegen heute wirksame Medikamente, die Antibiotika. Den Grundstein für ihre Entwicklung hat zu Anfang des vorigen Jahrhunderts ein deutscher Forscher gelegt, der Mediziner Paul Ehrlich (1854–1915).

Bakterien sorgen für einen gesunden Boden und gutes Pflanzenwachstum

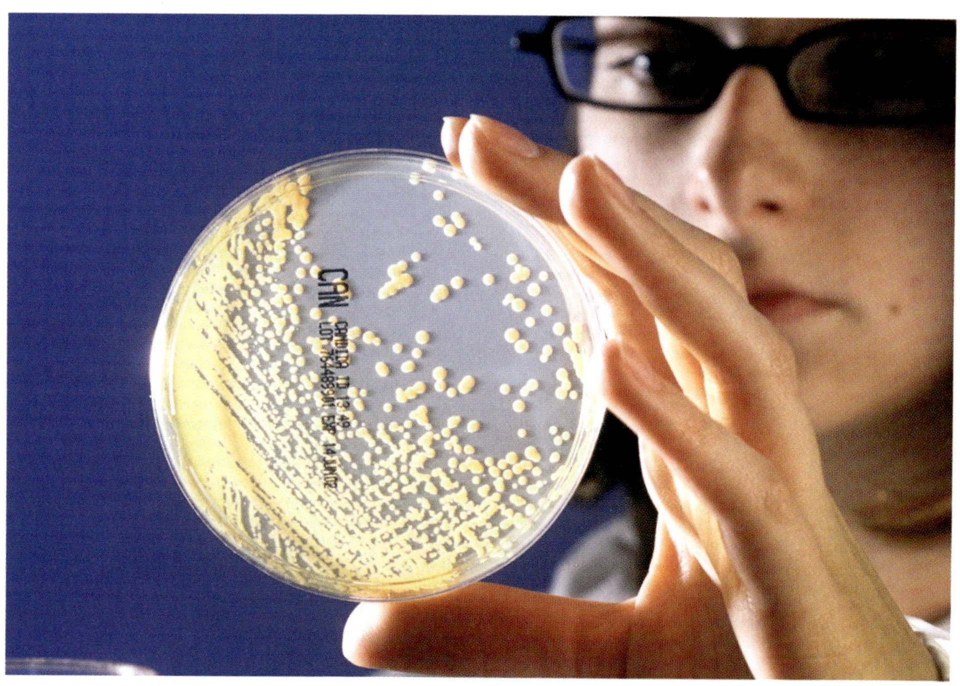

Bakterien in Petrischale

Bäume

Bäume sind die größten Pflanzen der Erde. Die größten, die Mammutbäume, können über 150 Meter hoch werden – mehr als doppelt so groß wie unsere heimischen Fichten. Bäume haben einen Stamm aus Holz und entweder Blätter oder Nadeln. Es gibt mehrere Tausend Baumarten. Schon vor mehr als 390 Millionen Jahren gab es auf der Erde Bäume. Damals waren sie kleiner und sahen aus wie Farne.

Ohne Bäume wäre auf der Erde kein Leben möglich

Die grünen Lungen der Erde

Ungefähr ein Drittel der Landfläche auf der Erde ist mit Wäldern bedeckt. Diese Wälder bezeichnet man auch als die grünen Lungen der Erde, denn sie produzieren mit Hilfe der **Fotosynthese** den Sauerstoff, den wir zum Atmen brauchen und ohne den auf der Erde kein Leben möglich wäre.

HAST DU SCHON GEWUSST,

dass eine 100-jährige Buche pro Stunde etwa 1,7 Kilogramm Sauerstoff erzeugt? Das ist so viel, wie fünfzig Menschen in einer Stunde zum Atmen brauchen.

Nahrung, Rohstoff und viel mehr

Bäume reinigen die Luft. So kann zum Beispiel ein Hektar Buchenwald im Jahr 70 Tonnen Staub aus der Luft herausfiltern. Das ist besonders in der Nähe von Städten wichtig. Einige Baumarten tragen Nüsse und Samen, andere Obst wie Äpfel, Birnen oder Kirschen. Außerdem wird aus dem Holz der

HAST DU SCHON GEWUSST,

dass die Rosskastanie ihren Namen hat, „weil sie erkrankten Pferden, besonders bei Husten und Wurmerkrankungen, Erleichterung verschafft“? Das schrieb jedenfalls im Jahr 1557 ein Arzt in Konstantinopel (dem heutigen Istanbul). Aber auch für Menschen sind die Inhaltsstoffe der Rinden, Blätter, Blüten und Frucht des Kastanienbaums wertvoll. Sie werden für viele kosmetische und medizinische Produkte genutzt. Ursprünglich kommt die Rosskastanie aus Griechenland, Albanien und Mazedonien. Erst in den letzten 400 Jahren wurde sie bei uns verbreitet. Dieser schöne und vielseitige Baum wurde vom „Kuratorium Baum des Jahres“ zum Baum des Jahres 2005 ernannt.

Bäume produzieren Sauerstoff

PROBIER ES AUS!

Färbe Blumen in deiner Lieblingsfarbe. Dazu brauchst du ein großes Glas mit Wasser. Schütte eine kräftige Portion Lebensmittelfarbe deiner Wahl hinein. Zum Beispiel blau. Dann nimmst du eine frische Blume mit weißen Blütenblättern. Schneide den Stiel unten schräg ab, damit sie möglichst viel Wasser aufnehmen kann. Stell die Blume in das gefärbte Wasser und schau zu, wie sich die Blütenblätter langsam von unten nach oben blau färben. Du kannst auch den Stiel in der Mitte ein Stück weit teilen, damit er in zwei Gläsern mit unterschiedlichen Farben steht. Was passiert?

Im Herbst färbt sich das Laub der Bäume bunt

Blühender Baum

Bäume eine Menge hergestellt, zum Beispiel Möbel, ganze Häuser, aber auch Papier oder bestimmte Stoffe. Mit ihren tief in die Erde reichenden Wurzeln halten Bäume die Erde fest und verhindern, dass der **Wind** sie davonweht. Wo alle Bäume abgeholzt werden, entstehen **Steppen** und schließlich **Wüsten**, in denen Leben kaum noch möglich ist. Nicht zuletzt bieten **Wälder** auch vielen anderen Pflanzen und Tieren Schutz und Lebensraum. Ohne Bäume könnten viele andere Lebensformen nicht existieren.

Bunte Blätter im Herbst

Im Herbst werden die Tage kürzer und der Boden wird kälter. Bald gefriert er. Dann finden die Baumwurzeln kein Wasser mehr. Die Bäume bereiten sich deshalb auf eine Art Winterschlaf vor: Sie produzieren keine weiteren Nährstoffe. Dadurch verringert sich der grüne Farbstoff, das Chlorophyll. Die rötlichbraune Farbe, die jetzt zu sehen ist, war eigentlich vorher auch schon da und wurde nur durch das helle Blattgrün überdeckt. Die Bäume saugen nun alle Nährstoffe, die in den Blättern noch vorhanden sind, ins Innere des Stammes und speichern sie dort. Darum trocknen die Blätter aus und fallen ab.

Nadelbäume sind das ganze Jahr grün

Auch die Wurzeln der Nadelbäume finden bei gefrorenem Boden im Winter kein Wasser. Aber ihre Nadeln haben eine wesentlich kleinere Oberfläche als die größeren Blätter der Laubbäume. Außerdem besitzen sie eine feste Oberhaut und sind obendrein mit einer dünnen Wachsschicht überzogen. Deshalb kann über die Nadeln nicht so viel Wasser verdunsten. Die Nadeln können bis zu zehn Jahre lang am Baum bleiben. Nach und nach fallen immer die ältesten Nadeln ab und werden durch nachwachsende ersetzt. Das geschieht das ganze Jahr über.

Wasserfall

Biotop

Biotop ist ein anderes Wort für Lebensraum. Es kommt von den griechischen Wörtern Bios (Leben) und Topos (Ort). Jedes **Wald**-, Wiesen- oder Seegebiet, jedes Umfeld von **Flüssen**, **Meeren**, **Steppen** oder **Wüsten** ist der Lebensraum von bestimmten Tier- und Pflanzenarten. Die ganze Erde ist ein großer bunter Flickenteppich sehr unterschiedlicher Biotope.

Regenwald

Lebensräume für Pflanzen und Tiere

Sieh dir mal verschiedene Biotope in deiner Umgebung genauer an: Du wirst sehen, dass an einem See, in einem Waldstück oder auf einer Wiese sehr unterschiedliche Pflanzen wachsen. Sie bilden jedes Mal eine ganz eigene ökologische Gemeinschaft.

Dabei gibt es auch unter Pflanzen so etwas wie einen Wettbewerb. Schneller wachsende Pflanzen verdrängen zum Beispiel langsamere und können ihnen sogar den Lebensraum streitig machen. Andererseits spenden höher wachsende Pflanzen kleineren Schatten und

Feuchtbiotop

PROBIER ES AUS!

Bau dein eigenes kleines Biotop im Glas. Dazu brauchst du ein sauberes großes Gurkenglas mit Deckel. Auf den Boden kommt eine Lage Kies und darüber eine Schicht Erde aus dem Garten. Dann setzt du vorsichtig Ableger von Zimmerpflanzen, junge Farne, Grünlilien oder Fleißige Lieschen in die Erde. Nicht zu viele auf einmal, damit jede Pflanze Platz hat. Du kannst auch Pflanzen aus einem zusammenhängenden Biotop nehmen, zum Beispiel kleine Pflanzen und Gräser von einer Wiese. Natürlich mit Wurzeln! Zum Schluss gießt du ein wenig Wasser darüber – nicht zu viel! – und schraubst den Deckel zu. Stell das Glas auf ein helles Fensterbrett, aber nicht in die pralle Sonne, und beobachte, was passiert. In ein paar Wochen werden die Pflanzen im Glas gewachsen sein. Wenn es abends kühler wird, bildet sich Tau, der an den Glaswänden herunterfließt, von den Pflanzen aufgesaugt wird und am nächsten Tag über die Blätter wieder verdunstet.

Am Rand von Feuchtbiotopen leben viele verschiedene Tier- und Pflanzenarten

schützen sie damit vor dem Austrocknen. In vielen Biotopen leben auch Tiere, angefangen von **Bakterien** und Regenwürmern bis hin zu **Säugetieren**.

Beispiel Feuchtbiotop

Feuchtbiotope sind die Regionen am Rande von **Seen**, Teichen, Tümpeln, **Flüssen** und Bächen oder auch in der Nähe von Meeresküsten. Hier leben je nach Region sehr unterschiedliche Pflanzen und Tiere. Die meisten Wassertiere aus Süßwasserbiotopen könnten niemals im Meer leben, denn sie sind nur dem Leben in Süßwasser angepasst – und umgekehrt. Aber auch in jedem Teich, Bach oder Fluss ist das Wasser chemisch anders zusammengesetzt. Das hängt zum Beispiel davon ab, wie die Erde am Boden und am Rand des Wassers zusammengesetzt ist oder welche Pflanzen und Tiere hier leben. Nährstoffreiches Wasser enthält viele kleine Algen und Lebewesen – was für manche andere Arten ein Problem sein kann. In Gebirgsbächen dagegen ist das Wasser zwar sehr klar, aber hier leben wesentlich weniger Organismen.

Biosphärenreservate

Biosphären sind größer als Biotope, sie können mehrere unterschiedliche Biotope umfassen. Die UNESCO – das ist eine weltweite Organisation für Erziehung, Wissenschaft und Kultur – hat im Jahr 1968 überall auf der Erde bestimmte Biosphären unter Naturschutz gestellt, um dort typische und ganz besondere Biotope zu erhalten. Auch bei uns in Deutschland gibt es viele solcher Biosphärenreservate. Dazu gehören zum Beispiel Teile der Wattenmeere an der Nord- und Ostsee, Berchtesgaden und der Spreewald.

Uferränder bieten vielen Tieren Schutz

Blumenwiese

Bodenschätze

Bodenschätze werden alle mineralischen Bestandteile der Erdkruste genannt, die man industriell verarbeiten kann. Dazu gehören unter anderem Erze, **Erdöl**, Kohle, Erdgas und **Mineralien** wie zum Beispiel Edelsteine.

79 Metalle

Es gibt allein 79 verschiedene Metalle auf beziehungsweise in der Erde. Sie liegen nicht einfach herum, sondern sind meistens in Gestein eingeschlossen. In Bergwerken werden erzhaltige Steine aus den Felsen geschlagen und in Fabriken mit hohen Temperaturen aus dem Stein geschmolzen. Man unterscheidet Schwermetalle und Leichtmetalle. Schwermetalle besitzen größere, schwerere Atome. Eisen ist zum Beispiel ein Schwermetall. Es kann von Rost angegriffen und zerstört werden. Gold dagegen ist zwar auch ein Schwermetall, gehört aber zur Gruppe der Edelmetalle. Edelmetalle sind gegen Einflüsse von außen weitgehend unempfindlich. Sie können verunreinigt, aber kaum zerstört werden. Gold ist neben Platin und Palladium eines der wertvollsten von ihnen. Die Entdeckung von Metallen und ihren besonderen Eigenschaften spielte in der Entwicklung der Menschheit eine besondere Rolle. Deshalb wurden ganze Erdzeitalter nach ihnen benannt (Bronzezeit, Eisenzeit).

Auch in der Nordsee wird mit solchen Bohrinsel Öl gefördert

Uralte Schätze

Es ist Jahrmillionen her, dass die Bodenschätze in der Erde, im Gestein und unter den Meeresböden entstanden sind. Kohle zum Beispiel ist aus Urwäldern entstanden, die vor 300 Millionen Jahren auf der Erde wuchsen. Nachdem sie abgestorben waren, versanken sie allmählich immer tiefer in **Sümpfen** und Moorgebieten und zersetzten sich dort, bis sie irgendwann aussahen wie Torf. Währenddessen wurden sie nach und nach von immer dickeren Erdschichten überlagert. Unter dem Druck und durch die Hitze aus dem Erdinneren gingen nach und nach Wasser, Wasserstoff und Stickstoff verloren. Durch den Druck und die Hitze bildete sich stattdessen Kohlenstoff. So wurde aus dem Holz über Jahrmillionen schließlich Kohle, wie wir sie heute kennen. Kohle ist eine wichtige Energiequelle: Sie wird verbrannt, um damit Wärme und aus der Wärme Strom zu erzeugen.

HAST DU SCHON GEWUSST,

dass es das Rheingold, also Gold im Rhein wirklich gibt? Die Nibelungensage handelt von einem geheimnisvollen Goldschatz der Zwerge, der im Rhein versenkt wurde. Er ist bis heute nicht gefunden worden. Aber man kann im Rhein durchaus Gold finden – wenn auch in winzigen Mengen.

Abbau von Braunkohle

PROBIER ES AUS!

Woher wissen Geologen, welche Gesteinsarten sie gefunden haben? Sie machen chemische Tests. Das kannst du auch – und zwar sehr einfach. Du brauchst dafür möglichst viele verschiedene Steine, am besten auch Marmor und Kalkstein, und ein paar frische Zitronen. Die presst du erst mal aus. Die Steine spülst du im Spülbecken sauber und trocknest sie ab. Dann gießt du – immer noch im Spülbecken – den Zitronensaft unverdünnt darüber. Auf einigen Steinen bildet sich ein leichter Schaum. Dann weißt du: Das ist Kalkstein oder Marmor. Denn Kalkstein ist aus Wasser, Schlamm und Schwemmsand entstanden. Es enthält ein basisches Metall, eine Kalziumform. Trifft (Zitronen-)Säure auf basisches Gestein, dann bildet sich Kohlendioxid. Dadurch schäumt der Zitronensaft auf. Marmor ist vor Millionen Jahren durch großen Druck aus Kalkstein entstanden und reagiert deshalb genauso. Diese Reaktion des Kalksteins auf Säure ist übrigens der Grund, warum so viele Kunstwerke und Gebäude aus Kalkstein oder Marmor durch den sauren Regen zerstört werden, der ebenfalls hochprozentige Säure enthält.

Noch in den 1950er Jahren wurde Energie in Deutschland überwiegend aus Kohle gewonnen. Heute sind Erdöl und Erdgas an ihre Stelle getreten. Aber auch diese Brennstoffe werden irgendwann aufgebraucht sein.

Bodenschätze halten nicht ewig

Überall auf der Erde holen die Menschen die Schätze aus dem Boden. Ob in Edelstein-, Gold- oder Erzminen, ob in Kohlebergwerken oder mit Hilfe von mächtigen Bohrtürmen von Erdöl- oder Erdgasfeldern. Diese Bodenschätze sind über Jahrmillionen entstanden und werden der Erde innerhalb von wenigen Jahrzehnten und Jahrhunderten wieder entrissen. Irgendwann werden alle Vorkommen ausgebeutet sein. Deshalb müssen sich die Menschen etwas anderes einfallen lassen. Im Bereich der Energiegewinnung werden zum Beispiel inzwischen verschiedene Methoden ausprobiert, wie man Wärme und Strom ohne Kohle, Erdöl oder Erdgas herstellen kann.

Bohrer in einer Zinnmine

Chemie und Biochemie

Das ganze Leben ist Chemie. Alle Elemente, die auf der Erde zu finden sind: Chemie. Alle Lebensprozesse vom ersten Atemzug bis zum Verfall des toten Körpers und seiner Auflösung: Chemie. Dein Körper mit all seinen Funktionen: ein großartiges System chemischer Prozesse. Biochemie ist ein Teilgebiet der Chemie. Sie umfasst alles, was mit dem Aufbau von Lebewesen und deren Stoffwechsel zusammenhängt.

Von den Alchimisten zur Chemie

Ursprünglich glaubten die Menschen, die Natur und alles, was darin passiert, würde von Geistern und Göttern beherrscht. Irgendwann entdeckten sie, dass Feuer und Hitze Dinge verändern. So genannte Alchimisten suchten einen Weg, minderwertige Metalle in Gold zu verwandeln, und entdeckten dabei chemische Verbindungen. Die Chemie, wie wir sie heute kennen, entwickelte sich seit Mitte des 17. Jahrhunderts. Damals stellte Robert Boyle (1627-91) eine Liste der chemischen Elemente auf, die noch heute gültig ist.

Zellen sind kleinste Chemiefabriken

Menschen, Tiere und Pflanzen haben eines gemeinsam: Sie bestehen aus Zellen. Zellen sind Chemie pur. Pflanzen- und Tier- beziehungsweise Menschenzellen unterscheiden sich voneinander, aber beide haben einen Zellkern, der alle chemischen Prozesse in ihnen steuert. Außerdem besteht das Innere jeder Zelle – egal ob pflanzlich oder tierisch/menschlich – aus einem sorgfältig abgestimmten Milieu, in dem die chemischen Prozesse des Lebens ablaufen können. Die Milliarden Zellen in deinem Körper arbeiten wie ein Uhrwerk zusammen, damit du lebst. Deine Gedanken sind chemische Prozesse, deine Atmung, bei der Sauerstoff in alle Teile deines Körpers transportiert wird, die Umwandlung deines Es-

HAST DU SCHON GEWUSST,

dass das Wort „Alchimist" vom arabischen Wort al-kumiya abgeleitet ist? Das bedeutet „Stein der Weisen". Es kam über die arabischen Mauren, die seit dem frühen Mittelalter Jahrhunderte lang Spanien beherrschten, nach Europa. Unsere Alchimisten vermuteten, der Stein der Weisen könnte ihnen helfen, Gold zu machen. Das hat leider nicht geklappt. Dafür entdeckten sie erste Zusammenhänge in der Natur und waren sozusagen die Ahnen der modernen Chemiker.

Ein Chemiker weiß genau über die verschiedenen Reaktionen in der Natur Bescheid

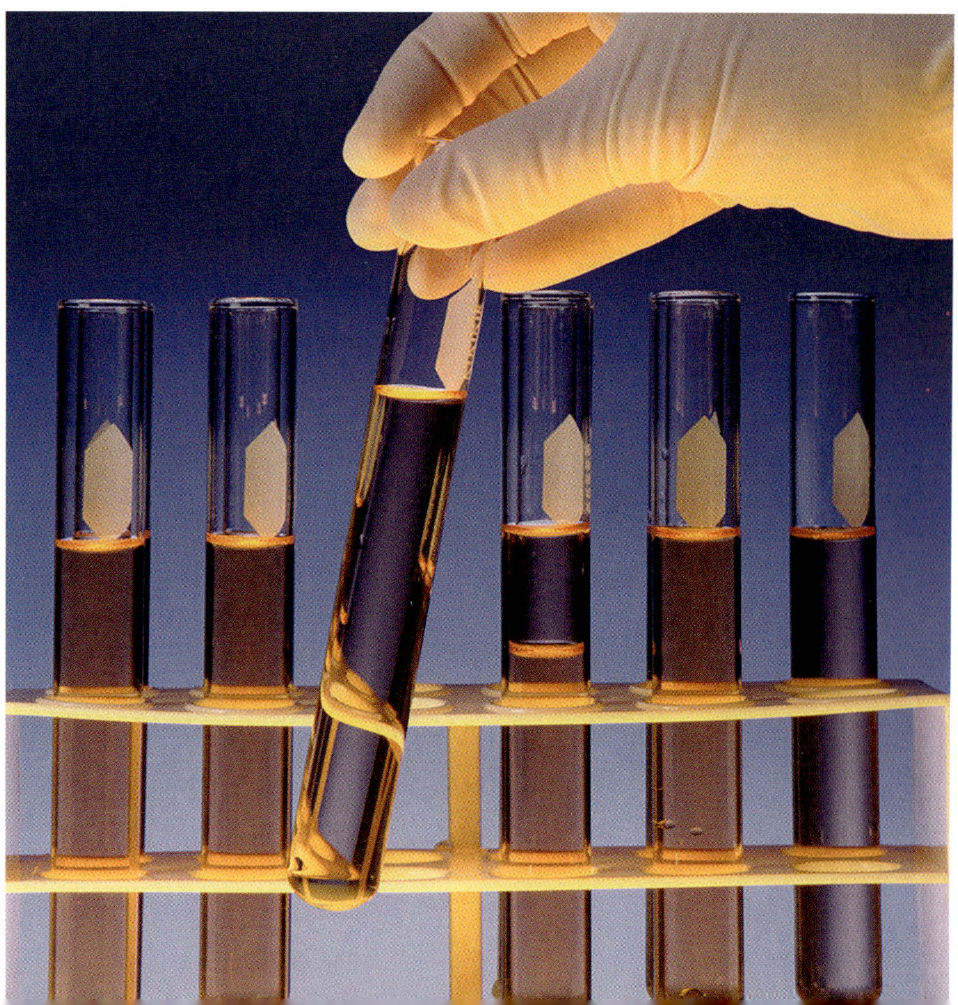

sens in Energie – alles was in deinem Körper in jeder Sekunde passiert, geschieht nach einem fein aufeinander abgestimmten System von chemischen Prozessen.

Chemiker nutzen natürliche Prozesse

Ein Chemiker weiß alles über die vielen verschiedenen Elemente in der Natur und kennt ihre Reaktionen auf unterschiedliche Einflüsse von außen. Mit diesem Wissen kann er die Elemente ganz neu zusammensetzen und die Dinge daraus machen, an die wir uns in unserem Leben so gewöhnt haben. Medikamente zum Beispiel, mit denen Krankheiten verhindert oder geheilt werden können. Farben, die unsere Umgebung bunter machen. Plastik, das aus kaum einem Haushalt mehr fortzudenken ist. Viele Dinge unseres Alltags werden mit Hilfe von Chemie hergestellt. Aber dabei entstehen auch negative chemische Reaktionen. Wenn zum Beispiel schmutzige Abwässer in einen Fluss geleitet werden, können dort die Pflanzen und Tiere sterben. Wenn Abgase in die Luft gepustet werden, verschlechtert sich unsere Atemluft. Um Menschen und Tiere vor solchen Folgen zu schützen, gibt es Gesetze zum **Umweltschutz**, die streng befolgt werden müssen. Chemie ist grundsätzlich eher gut als schlecht. Es kommt allerdings sehr darauf an, wie verantwortungsvoll man mit ihr umgeht.

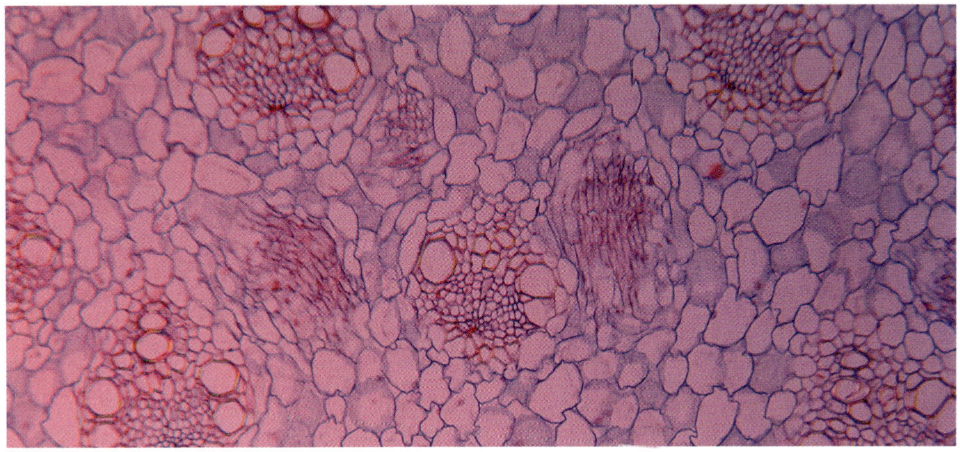

Mikroskopaufnahme einer Pflanzenzelle

PROBIER ES AUS!

Einer der wichtigsten Bestandteile der Natur ist Kohlenstoff. Er kommt sogar in Zitronen vor. Das kannst du mit einer geheimen Botschaft beweisen. Du brauchst dazu eine Zitrone, ein paar Tropfen Wasser, eine Tasse, einen Löffel und ein Wattestäbchen oder eine Feder, außerdem ein weißes Blatt Papier und eine Lampe. Presse die Zitrone aus. Schütte den Saft mit dem Wasser in die Tasse und verrühre beides gut mit dem Löffel. Nun tauche das Wattestäbchen oder die Feder in den Saft und schreibe deine Botschaft aufs Papier. Wenn die Schrift trocken ist, wird sie unsichtbar. Erwärme das Blatt an der Lampe, und plötzlich taucht die Schrift in schwarzer Farbe wieder auf. Denn die Kohlenstoffverbindungen im Zitronensaft werden, wenn man sie mit Wasser vermischt, nahezu farblos. Aber Wärme bricht sie auf, und es entsteht – Kohle.

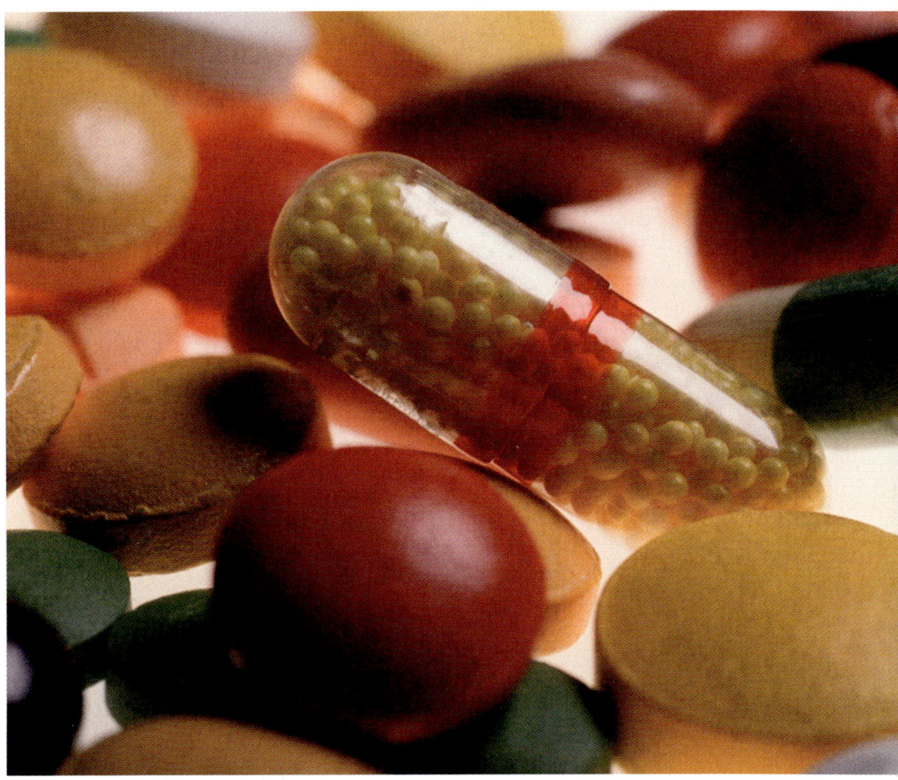

Mit dem Wissen der Chemiker können wirksame Medikamente hergestellt werden

Dinosaurier

Das Wort Dinosaurier ist aus den griechischen Wörtern „deinos" (gewaltig, schrecklich) und „sauros" (Echse) abgeleitet. Der englische Forscher Richard Owen (1804–92) hat diesen Namen 1841 „erfunden". Damals waren erst die **Fossilien** von sechs oder sieben verschiedenen Dinosauriern bekannt und es wurde klar, dass es sich dabei nicht einfach nur um Echsen handelte.

Unzählige Skelettfunde

Bereits im 18. Jahrhundert wurden in Europa und Nordamerika Dinosaurierknochen gefunden. Forscher sammelten sie und versuchten sie zu ganzen Skeletten zusammenzusetzen. Sie richteten erste naturwissenschaftliche Museen ein. Zögernd setzte sich die Erkenntnis durch, dass die Erde viel älter sein musste als bislang angenommen und dass in unbekannten Vorzeiten viele Tiere und Pflanzen gelebt haben mussten, die schon seit langem ausgestorben waren. Es entstand ein wahres Jagdfieber. Immer mehr Abenteurer und ernsthafte Forscher suchten nach Fossilien. Zwischen 1850 und 1900 lag der Schwerpunkt dieser Suche in Nordamerika. Der Multimillionär Andrew Carnegie zahlte die schier unglaubliche Summe von 25 Millionen Dollar für Expeditionen in den Westen der USA. Dabei wurden Hunderte von Dinosaurier-Fossilien gefunden. Anfang des 20. Jahrhunderts wurden auch in Kanada viele hundert Saurierskelette entdeckt. In jüngster Zeit waren besonders Fundorte in China sehr ergiebig.

Die Herrschaft der Dinosaurier

Vor ungefähr 380 Millionen Jahren ging der Quastenflosser an Land und aus ihm entwickelten sich die ersten **Amphibien**. Sie waren die Vorfahren der **Reptilien**, die vor zirka 225 Millionen Jahren als Dinosaurier begannen die Erde zu beherrschen.

Durch Knochenfunde konnte man das Aussehen der Dinosaurier rekonstruieren

Etwa 160 Millionen Jahre später waren sie ausgestorben. Die Paläontologen vermuten, dass der Einschlag eines riesigen Meteoriten auf der Erde dieses Massensterben der großen Echsen ausgelöst hat. In dieser Zeit entwickelten sich viele verschiedene Saurierarten. Die kleinsten waren so klein wie ein Spatz, die größten könnten, wenn sie heute lebten, problemlos über ein dreistöckiges Haus gucken. Riesige, friedliche Saurier fraßen nur Pflanzen und vertilgten täglich Unmengen davon. Andere waren reine Fleischfresser. Die Wissenschaftler streiten sich heute darüber, ob zum Beispiel der gefährlich aussehende Tyrannosaurus Rex (das heißt übersetzt König der Tyrannenechsen) wirklich ein brutaler Jäger oder in Wirklichkeit nur ein Aasfresser war.

Formenreichtum

Die Dinosaurier lassen sich nicht nur in Fleisch- und Pflanzenfresser unterteilen, sondern auch in Saurier mit einem Echsenbecken und solche mit einem Vogelbecken. Zu den Vogelbeckendinosauriern gehörte der einen Meter lange Fabrosaurus ebenso wie der zwölf Meter lange Melanorosaurus oder der Iguanodon, alle drei Pflanzenfresser. Manche Vogelbeckendinosaurier hatten Entenschnäbel, andere ein großes gebogenes Horn auf dem Kopf. Unter den Echsenbeckendinosauriern, zu denen beispielsweise der Apatosaurus gehörte, gab es Fleisch- und Pflanzenfresser. Insgesamt hatten die Dinosaurier die absonderlichsten und abenteuerlichsten Formen und vermutlich auch Farben.

Im Wasser und in der Luft

In den letzten 20 Millionen Jahren der Sauriergeschichte, also vor etwa 85 Millionen Jahren, entwickelten sich zwei neue Gruppen. Das Klima hatte sich geändert, das Festlandeis war geschmolzen. Der Meeresspiegel stieg und weite Gebiete wurden überflutet. Da gingen einige Dinosaurier, die, so ähnlich wie heute die Seehunde, zwischen Land und Meer gelebt hatten, zurück ins Meer. Die Ichthyosaurier waren die größten von ihnen. Sie wurden 15 Meter lang und waren die gefürchtetsten Meeresräuber ihrer Zeit. Sie legten keine Eier mehr und brachten lebende Junge zur Welt. Andere Saurier begannen die Lüfte zu erobern.

HAST DU SCHON GEWUSST,

dass der bisher älteste gefundene Dinosaurier vor 210 bis 215 Millionen Jahren lebte? Es war der Antetonitrus ingenipes. Bei einer Hüfthöhe von 1,5 bis zwei Metern war dieser Pflanzenfresser vermutlich acht bis zehn Meter lang und etwa 1,8 Tonnen schwer. Erst 2003 wurde die Öffentlichkeit über diesen sensationellen Fund informiert.

Die ersten fliegenden Reptilien waren vermutlich kaum größer als ein Spatz. Aber sie sahen grausiger aus. Sie hatten Krallen an den fledermausähnlichen Flügeln und Unmengen von spitzen Zähnen in ihren schnabelähnlichen Kiefern. Aus ihnen entwickelten sich im Laufe der Zeit die Flug- oder Pterosaurier und die Gleitechsen.

Bis heute finden Forscher immer wieder Dinosaurierknochen

Energie

Die Sonne ist die wichtigste Energiequelle auf der Erde

Das Wort Energie ist vom griechischen Wort „energeia" abgeleitet, und das bedeutet „wirken". In jeder Substanz, die wärmer ist als der absolute Nullpunkt – und der liegt nicht etwa bei null Grad, sondern bei −273,16 °C – steckt Energie.

Wärme ist Energie

Die wichtigste Energiequelle auf der Erde ist die **Sonne**. Ohne sie gäbe es kein Leben auf der Erde. Die zweitwichtigsten sind die so genannten fossilen Energieträger Kohle, **Erdöl** und Erdgas. Sie sind vor Hunderten von Millionen Jahren aus der frühen Pflanzenwelt auf der Erde entstanden und wurden durch Druck und Erdwärme zu Brennstoffen. Allerdings werden diese fossilen Energiequellen irgendwann verbraucht sein. Deshalb wird nach so genannten alternativen Energiequellen gesucht – vorzugsweise nach solchen, die sich nicht so schnell verbrauchen. Das Erste was den Menschen dazu einfiel, war die kontrollierte Kernspaltung: Energiegewinnung aus Atomkraft.

Treibhauseffekt und Verschwendung

Durch Wärme Kraft zu erzeugen hat mindestens zwei Nachteile: Zum einen entsteht jedes Mal, wenn etwas verbrannt wird, Kohlendioxid (die chemische Formel dafür ist CO_2). Dieses CO_2 verstärkt den **Treibhauseffekt** und trägt dazu bei, unser **Klima** zu verändern. Zum anderen kann nur ein Teil des Rohstoffs in Energie umgesetzt werden. Kein Kraftwerk der Welt kann die Energie, die hineingesteckt wird, vollständig in Strom umwandeln. Es entsteht immer Abwärme, die meist ungenutzt verpufft. Um so wenig Wärme wie möglich zu verschwenden, sind möglichst hohe Temperaturen sinnvoll. Aber die Dampftemperatur eines Atomkraftwerks beträgt zum Beispiel nur knapp 300 °C. Es erreicht somit etwa ein Drittel des Wirkungsgrades anderer Wärmekraftwerke.

HAST DU SCHON GEWUSST,

dass in den Niederlanden die Energie buchstäblich auf der Straße liegt? Dort wird zunehmend die Wärme der Asphaltstraßen als Energiequelle genutzt. In der heißen Sommersonne kann der Asphalt bis zu 70 °C erreichen. Die Niederländer haben schon einige Straßen mit engmaschigen Gittern unterlegt, durch die Schläuche laufen. Durch diese Schläuche fließt Wasser, das aus tief liegenden Reservoirs unter der Erde hochgepumpt wurde. Es wird durch die Klimaanlagen der Häuser am Rand der Straße geleitet und kühlt sie. Dann fließt es unter der Straße entlang, wird dort durch die Hitze des Asphalts aufgeheizt und dann wieder in den Reservoirs gespeichert, aus denen es kam. Hier hält es seine Temperatur über viele Monate. Im Winter wird das warme Wasser wieder hochgepumpt. Es nimmt erneut den Weg durch die Häuser, die es heizt, und dann unter den Straßen hindurch, auf denen sich durch die Wärme kein Glatteis mehr bildet – und wandert bis zum Sommer zurück in die Reservoirs.

Windenergie

Wo es in Deutschland windig ist, kann man riesige Windräder bestaunen. Die Windturbinen erzeugen Strom, der in die Netze eingespeist wird. In den kommenden Jahren sollen in der Nord- und Ostsee große Windparks mit 160 Meter hohen Türmen errichtet werden, denn in Zukunft sollen in Deutschland große Teile des Stroms aus Windenergie kommen.

Windrad

Sonnenenergie

Auf immer mehr Dächern sieht man die dunklen Sonnenkollektoren, die ganz direkt die wichtigste Energiequelle der Erde anzapfen, die Sonne. In großen Sonnenkraftwerken stehen riesige gewölbte Spiegel, die wie überdimensionale Satellitenschüsseln aussehen. Sie bündeln die Sonnenwärme wie eine Lupe und verstärken deren Wirkung damit. Damit wird zunächst Wasser erhitzt. Mit dem Dampf werden dann Turbinen angetrieben, die Strom erzeugen.

Geothermische Kraftwerke

In Island pumpen Ingenieure Wasser in große Erdtiefen – dahin, wo die Erde sehr heiß ist. Dort erhitzt sich das Wasser auf rund 200 °C und schießt mit Macht wieder nach oben wie ein Geysir. Der Dampf dieser kochenden Flüssigkeit treibt riesige Turbinen an, die Strom erzeugen – und mit dem heißen Wasser selbst werden auch noch Wohnungen und Schwimmbäder geheizt.

Wärme vom Feld

In Jühnde nahe Göttingen wollen sich die Bauern von den Energiekonzernen unabhängig machen. Sie bauen spezielle Energiepflanzen an, die sie dann in einer Biogasanlage vergären lassen wollen. Daraus entsteht mit Hilfe von Abermillionen **Bakterien** Methangas. In einem Blockheizkraftwerk wird dieses Gas verbrannt und dadurch Strom erzeugt. Mit der Abwärme sollen Häuser geheizt werden.

Stromleitung

Windige Gegenden sind ideale Standorte für Windräder

Erdbeben

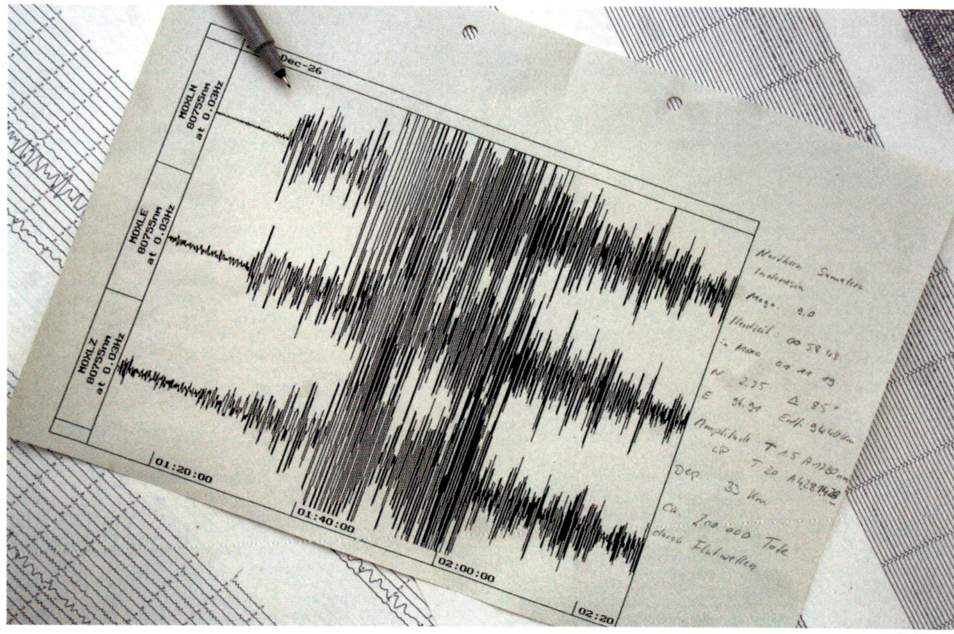

Aufzeichnung über die Stärke eines Erdbebens

Alles auf der Erde verändert sich ständig. Menschen, Tiere und Pflanzen passen sich diesen Veränderungen dauernd an. Die Erde selbst tut das auch. **Vulkane** brechen aus und verändern alles Leben um sich herum. Neue Inseln entstehen im Meer. Die Erdplatten sind in Bewegung und verschieben sich ständig ein wenig: Die Erde bebt.

Wie ein Apfel

Stell dir die Erde wie einen Apfel vor. In der Sonne verliert er langsam Feuchtigkeit und schrumpelt. Dabei zieht er sich zusammen und die Schale verändert ihr Aussehen. So ist das auch bei der Erde. Sie schrumpft langsam, über Millionen von Jahren, und die Erdkruste kommt dabei in Bewegung. Die Runzeln in der Apfelhaut kannst du mit den Bergen und Tälern der Erde vergleichen. Risse brechen dabei die Erdkruste auf. Das nennen die Geologen „Verwerfungen". Wenn sich die Erdplatten an einer solchen Verwerfung verschieben, dann entsteht ein Erdbeben.

Die nach oben offene Richter-Skala

Der amerikanische Erdbebenforscher (Seismologe) Charles Richter (1900-85) hat einen Maßstab entwickelt, nach dem die Stärke dieser Beben gemessen wird, die so genannte Richter-Skala. Sie ist logarithmisch aufgebaut. Das bedeutet, die Stärke eines Bebens verzehnfacht sich mit jeder neuen Stufe. Ein Beben der Stärke 7 ist damit zehnmal stärker als eines der Stärke 6 und hundertmal stärker als eines der Stärke 5. Beben bis zur Stärke 2,5 spürt ein Mensch normalerweise nicht. Die stärksten Beben seit Beginn des 20. Jahrhunderts lagen um 8,5 auf der Richter-Skala herum und waren **Naturkatastrophen**, die Tausende von Menschenleben kosteten.

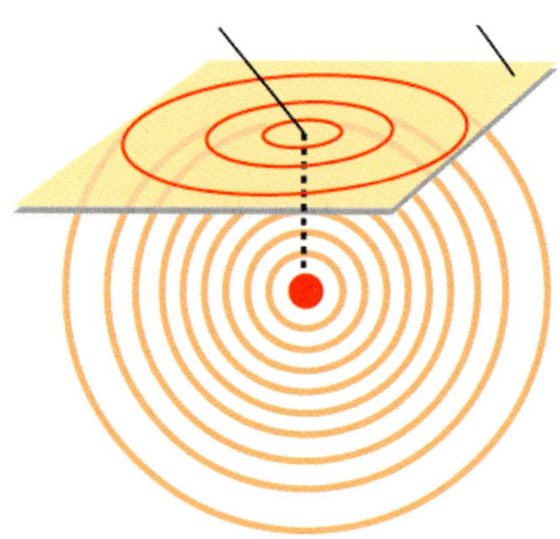

Epizentrum

Epizentrum

Als „Epizentrum" bezeichnet man den Ort an der Erdoberfläche, der direkt über dem Erdbebenherd liegt – also über dem Punkt in der Erde, von dem die Erdbebenwellen ausgehen. Hier entstehen auch die meisten Schäden. Diese Epizentren sind nicht gleichmäßig über die Erde verteilt. Wenn man alle Epizentren der Jahre 1961-96 auf einer Karte einzeichnet, sieht man, dass sie genau die Ränder der so genannten tektonischen Platten nachzeichnen. Aus diesen Platten besteht die Erd-

HAST DU SCHON GEWUSST,

dass mit empfindlichen Messgeräten, so genannten Seismografen, jedes Jahr ungefähr eine Million Erdbeben rund um den Globus registriert werden? Die meisten davon spüren die Menschen gar nicht, weil sie so schwach sind.

kruste. Ihre Grenzen verlaufen oft unter den Ozeanen, weshalb ein großer Teil der registrierten Erdbeben Seebeben sind. Beben entstehen, weil diese Platten, unter anderem durch die Hitze im Inneren der Erde, ständig in Bewegung sind und dabei immer wieder aneinander stoßen.

Straßenschäden nach einem Erdbeben

Erdbeben in Deutschland

Deutschland liegt ziemlich weit vom Rand einer tektonischen Platte entfernt. Der nächstgelegene geht quer durchs Mittelmeer. Deshalb gibt es zwar auch bei uns immer wieder Erdbeben – aber sie liegen schlimmstenfalls im mittleren Bereich. Anfang Dezember 2004 erschütterte beispielsweise ein Beben der Stärke 5,4 Süddeutschland. Das Epizentrum lag im Südschwarzwald. Es war eines der heftigsten Beben der vergangenen Jahrzehnte in Deutschland. Nur 1992 war im Rheinland ein Beben der Stärke 5,6 noch stärker. Damals wurden 21 Menschen verletzt.

HAST DU SCHON GEWUSST,

dass Tiere ein Erdbeben voraussahnen? Offenbar haben sie ein feineres Gespür für die Bewegungen der Erde als Menschen. In China beobachtete man vor einem Erdbeben der Stärke 7,3 im Januar 1975 ein sehr verändertes Verhalten von Haustieren. Deshalb sorgten die Behörden der Stadt Haicheng am 4. Februar 1975 dafür, dass alle Menschen die Stadt verließen. Die Tiere verhielten sich nämlich wieder recht ungewöhnlich. Ein paar Stunden später zerstörte ein Erdbeben diese Stadt zu 90 Prozent, aber nur wenige der rund eine Million Einwohner kamen ums Leben.

Erdöl und Erdgas

Als deine Großeltern Kinder waren, haben Erdöl und Erdgas als Energierohstoffe kaum eine Rolle gespielt. Noch 1950 wurden in Westeuropa gerade mal zehn Prozent der benötigten Energie aus Erdöl erzeugt. Heute werden aus Erdöl und Erdgas weltweit 70 Prozent aller **Energie** hergestellt. Jeden Tag verbraucht die Menschheit mehr Erdöl als sich in 1000 Jahren gebildet hat. In 40 bis 50 Jahren sind die Vorräte vermutlich aufgebraucht.

Entstehung von Erdöl und Erdgas

Erdöl besteht wie Kohle aus Überresten lebender Materie, nämlich aus winzigen Planktonlebewesen auf dem Grunde urzeitlicher Meere und Seen. Dort entstanden über viele Jahrtausende mächtige Schlammschichten. Während sie immer tiefer in die Erdkruste gepresst wurden, verdichteten sich diese Schichten und wandelten sich durch die Hitze aus dem Erdinneren zu flüssigem Erdöl. All das dauerte Jahrmillionen. Währenddessen entstanden die **Kontinente** und wo vorher **Meere** waren, gab es nun Land. Das leichtere Erdgas stieg nach oben, während das Öl so weit nach unten sickerte, bis es sich an undurchlässigen Gesteinsschichten sammelte. Erdgasquellen liegen deshalb häufig in der Nähe, aber oberhalb von Erdölquellen.

HAST DU SCHON GEWUSST,

dass in Island Wasserstoff als Ersatz für Benzin getestet wird? Die ersten Wasserstoff-Tankstellen gibt es schon. In einigen Jahren soll in Island Benzin ganz von Wasserstoff abgelöst sein. Umweltfreundlicher geht es kaum: Statt Qualm und Kohlendioxid kommt dann nur noch Wasser aus dem Auspuff. Aber halt: Wasserstoff muss hergestellt werden – und das kostet wiederum Energie. Vielleicht können die Isländer diese Energie ja aus dem Dampf ihrer Geysire produzieren? Daran arbeiten sie nämlich auch schon seit langem.

Nutzung

Schon vor 5000 Jahren haben die uralten Kulturvölker der Assyrer,

Bereits im vorletzten Jahrhundert wurde in Deutschland nach Erdöl gebohrt

Babylonier und Sumerer Erdöl als Mörtel für ihre Häuser benutzt oder damit Wasserleitungen abgedichtet. Sie lebten im Zweistromland, dem heutigen Irak, wo auch heute noch besonders viel Erdöl zu finden ist. Es drang dort sogar bis an die Erdoberfläche, wo es sich als asphaltähnliche zähflüssige Masse ablagerte, die man Bitumen nennt. Als Energiequelle wurde das schwarze Öl erst viel später entdeckt. 1858 war eine der weltweit ersten Erdölbohrungen erfolgreich – in der Lüneburger Heide. In dem kleinen Ort Wietze steht heute ein Erdölmuseum.

Vielseitiger Rohstoff

Ein schottischer Chemiker namens James Young erfand um 1850 ein Verfahren, mit dem man aus Erdöl Paraffin machen konnte. Ein Nebenprodukt, das dabei entsteht, war das Paraffinwachs, aus dem auch heute noch Kerzen hergestellt werden. Aber auch Kunststoffe werden aus Erdöl fabriziert, Folien, Garne, aus denen Pullover und andere warme Sachen gestrickt werden, Klebstoffe, Farben und Baustoffe. Und natürlich Benzin für unsere Autos und der Flugzeugtreibstoff Kerosin.

PROBIER ES AUS!

Öl schwimmt auf Wasser. Das kannst du leicht beweisen. Nimm ein Marmeladenglas mit einem luftdicht schließenden Deckel. Füll es mit einem Drittel Wasser und einem Drittel Öl. Das Öl sollte leicht gefärbt sein (Sonnenblumen- oder Olivenöl), damit es sich deutlich vom Wasser unterscheidet. Du kannst auch das Wasser mit etwas Wasserfarbe färben. Schraube den Deckel fest zu und schüttle das Ganze kräftig. Jetzt sind Öl und Wasser vermischt? Das sieht nur so aus. Lass das Glas ein paar Minuten ruhig stehen und du wirst sehen: Das Öl schwimmt auf dem Wasser. Denn die Ölmoleküle ziehen sich gegenseitig stärker an als die Öl- und Wassermoleküle.

Häufig sind Erdölbohrstationen auch im Meer zu finden

Ölpest und Treibhauseffekt

Erdöl wird auf riesigen Tankerschiffen über die Meere transportiert. In Stürmen oder durch Materialschäden verunglücken immer wieder einzelne Öltanker, und riesige Mengen Öl fließen ins Meer. Weil Öl leichter ist als Wasser, treibt es in einer dicken, klebrigen Schicht auf der Oberfläche und erstickt alles Leben unter sich. Unzählige Wasservögel, Robben und andere Tiere kommen bei solchen Umweltkatastrophen ums Leben. Außerdem kann aus Erdöl nur Energie werden, indem man es verbrennt. Das erhöht den Kohlendioxidgehalt in der Luft (siehe Stichwort „Energie") und vergrößert damit den **Treibhauseffekt**. Welche Folgen das langfristig für das Leben auf der Erde haben wird, darüber gibt es viele Vermutungen. Aber genau kann das heute noch niemand wirklich wissen.

Erosion

Unsere Erde verändert ständig ihr Aussehen. Das passiert allerdings so langsam, dass wir es gar nicht merken. **Wind**, Wasser oder **Gletscher**eis schleifen ständig ein wenig Gestein oder Sand ab, transportieren es von hier nach da, häufen kleine Hügel an der einen Stelle auf und graben Täler anderswo. Über Millionen von Jahren sind auf diese Weise auch riesige Schluchten wie der Grand Canyon in Amerika entstanden.

Gletscher formen die Erde

Erosion ist etwas ganz Natürliches. Es gibt sie, seit die Erde besteht. Sie hat die Oberfläche unseres Planeten entscheidend geformt. Die **Gletscher** zum Beispiel haben während der Eiszeiten Berge abgeschliffen und Täler ausgewaschen, **Mineralien** und Kalk zu festen Felsen gepresst und durch ihre Moränen ganze Felsbrocken von einem Ort zum anderen transportiert. Das tun sie auch heute noch – in geringerem Umfang, weil es nicht mehr so viele Gletscher gibt.

Meere formen die Küsten

Meere verändern seit Beginn der Erdgeschichte mit ihrer ständigen Brandung die Küsten. Sie tragen Sand und Fels ab, schwemmen sie anderswo wieder an, bauen damit Sandbänke und daraus **Inseln** auf und wieder ab oder formen aus Felsen die bizarrsten Gebilde.

Wasser frisst Felsen

Das Sprichwort „steter Tropfen höhlt den Stein“ ist aus der Beobachtung entstanden, dass schon ein kleiner Bach im Laufe vieler Jahre eine tiefe Schlucht in ein Gebirge nagen kann. Dafür gibt es unzählige Beispiele überall auf der Erde. Die Winde wiederum tragen kleinste Staubpartikelchen und – wenn sie zum Beispiel zu Wirbelstürmen anwachsen – sogar ganze Bäume mit sich fort. Sie türmen große Wanderdünen in den Wüsten auf und bringen Wüstensand manchmal sogar bis zu uns. Und sie können aus einer fruchtbaren Gegend eine Wüste machen, wenn es keine Pflanzen mehr gibt, die die Erde mit ihren Wurzeln festhalten können.

HAST DU SCHON GEWUSST,

dass die deutschen Mittelgebirge wie der Harz oder das Rheinische Schiefergebirge viel älter sind als Alpen, Anden und Himalaja zusammen? Sie sind weit über 300 Millionen Jahre alt und waren einmal wesentlich höher. Durch Erosion sind sie im Laufe der Jahrmillionen bis auf ihre heutige Höhe geschrumpft.

Meere formen durch ihre Brandungen aus Felsen bizarre Gebilde

Mehr Wüsten

Je mehr Menschen es auf der Erde gibt, umso mehr Erosion gibt es. Denn die Menschen greifen oft massiv in natürliche Prozesse ein und bringen Erosion damit oft erst richtig in Gang. Zum Beispiel brauchen immer mehr Menschen immer mehr Nahrung. Sie schlagen also Wälder ab, um Weiden für ihr Vieh oder Land für ihre Äcker zu gewinnen. Die Wälder aber produzieren nicht nur Sauerstoff, sondern sie halten mit ihren tiefen Wurzeln auch die Erde fest, damit der Wind sie nicht weg weht. Der Boden speichert auch das Wasser. Kein Wald – kein Sauerstoff, kein Boden, kein Wasser. Also nehmen nach und nach die **Steppen** und schließlich die **Wüsten** zu, wo der **Wald** abgeholzt wird.

PROBIER ES AUS!

Wo Bäume und Pflanzen den Boden nicht schützen, trocknet er schneller aus. Das kannst du beweisen. Du brauchst dafür zwei Untertassen mit Wasser. Stell die eine Untertasse bei sonnigem Wetter in den Schatten eines Baums, die andere in die Sonne. Nach einer Stunde schaust du nach: In welcher der beiden Untertassen ist mehr Wasser?

Mehr Meer

Jedes Jahr schaffen Menschen riesige Mengen Sand von den **Küsten** der Meere fort, weil sie ihn zum Bau ihrer Häuser und Straßen verwenden. Dieser Sand wird normalerweise über sehr lange Zeiträume nach und nach vom Meer abgetragen und anderswo wieder angeschwemmt. Ist er aber völlig weg, ist dieser Kreislauf empfindlich gestört und das Meer dringt immer weiter vor. Jedes Jahr „fressen" die Meere deshalb Tausende Quadratkilometer Land – die damit für Menschen, Tiere und Pflanzen als Lebensraum verloren gehen. Es gibt viele solcher Beispiele, die zeigen, dass der Mensch sich keinen Gefallen tut, wenn er die Gesetze der Natur missachtet.

Wirbelstürme bringen den Wüstensand manchmal bis nach Mitteleuropa

Die Bäume halten mit ihren Wurzeln die Erde fest

HAST DU SCHON GEWUSST,

dass auch das Salz im Meer eine Folge der Erosion ist? Denn das Meerwasser hat über Milliarden von Jahren salzige Mineralien aus den Gesteinen am Meeresgrund ausgewaschen und zersetzt. Diese Mineralien haben sich mit dem Wasser vermischt und es ebenfalls salzig gemacht.

Evolution

Die Welt, in der wir leben, verändert sich ständig. Das passiert so langsam, dass wir es gar nicht merken. Aber jede Art – jede Pflanze, jedes Tier und auch der Mensch – verändert sich in jeder neuen Generation ein wenig. Diesen Prozess nennt man Evolution.

Der erste Schritt war der schwerste

Seit etwa 3,5 Milliarden Jahren gibt es Leben auf der Erde – aber erst gegen Ende der Urzeit (sie heißt Präkambrium und liegt 4,6 bis 0,57 Milliarden Jahre zurück) entwickelten sich die ersten Quallen und Würmer. Von den winzigen einzelligen Organismen in den urzeitlichen Meeren bis zur Entstehung der ersten Quallen und Würmer verging also weitaus mehr Zeit als von den ersten Würmern bis zum vielfältigen Leben mit all seinen unterschiedlichen Arten, wie wir sie heute kennen.

Amphibien und Reptilien

In den nächsten 325 Millionen Jahren entwickelten sich Korallen und **Fische**, urtümliche Muscheln und Ur-Skorpione. **Insekten und Spinnen** kamen hinzu, **Amphibien** und schließlich die ersten Pflanzen, die an Land gediehen. Riesige Farne und Schachtelhalme entstanden und vergingen wieder. Gegen Ende dieser Zeit kamen vor etwa 286 Millionen Jahren die **Reptilien** endgültig aus dem Wasser. Aber viele der bis dahin lebenden Land- und Meeresbewohner starben schon wieder aus. Dieses Zeitalter heißt Paläozoikum.

Dinos beherrschten die Mittelzeit

Das nächste Zeitalter heißt Mesozoikum, das Mittelzeitalter. Es dauerte 180 Millionen Jahre und war die Zeit der **Dinosaurier**. Zu den ersten Tieren dieser Zeit gehörten außerdem Echsen und Schildkröten, erste **Vögel** und gegen Ende des Mesozoikums, in der Kreidezeit, erste Säugetier- und Schlangenarten. Zum Schluss starben alle Dinosaurier aus. Über Jahrmillionen hatten sie die Erde beherrscht. Kleinere Tiere, Amphibien und Reptilien, Vögel und **Säugetiere** überlebten und entwickelten sich weiter.

65 Millionen Jahre Neuzeit

Die Neuzeit, das Känozoikum, ist erdgeschichtlich die kürzeste Phase, aber auch die, in der am meisten passierte. Erste Eulen, Spitzmäuse und Igel entstanden, auch andere Säugetierarten. Vor 58 Millionen Jahren kamen Hunde, Katzen, Pferde, Elefanten und Kaninchen dazu – wenn sie auch damals noch ziemlich anders aussahen als heute. Hirsche, Affen, Schweine und Nashörner gibt es seit ungefähr 37 Millionen Jahren. Im Miozän vor rund 24

Evolution

Eidechse

Millionen Jahren entwickelten sich neue Säugetierarten wie Mäuse und Menschenaffen. Vor fünf Millionen Jahren lebte der erste Vorfahre der Menschen, der Australopithecus. In dieser Zeit entstanden auch Rinder und Schafe. Erst ganz zum Schluss entstand schließlich der **Mensch**.

Der Galapagosfink

Darwin (siehe Kasten rechts) hatte beobachtet, dass sich Tiere offenbar ihrer Umgebung anpassen, damit sie überleben können. Bei einer Reise auf die Galapagosinseln fielen ihm beispielsweise

Nashörner

Riesenschildkröten werden sehr alt

zwei verschiedene Finkenarten auf. Die einen hatten große, papageienähnliche Schnäbel: Sie lebten von harten Samen, die sie nur mit so einem Schnabel knacken konnten. Andere Arten hatten kleine Schnäbel und lebten von Insekten. Auf den Galapagosinseln hatten sich 13 verschiedene Finkenarten entwickelt, die ihre Nahrung auf unterschiedliche Weise zu sich nahmen.

Stammt der Mensch vom Affen ab?

Sicher nicht. Aber ebenso sicher ist, dass Menschen und Affen gemeinsame Vorfahren haben. Darwins Theorie ist heute nicht überholt, ganz im Gegenteil: Die moderne Genforschung hat bestätigt, dass alle Lebewesen prinzipiell den gleichen genetischen Code aufweisen. Das bestätigt die Theorie, dass das Leben einen gemeinsamen Ursprung hat. Nur Details unterscheiden die DNS des Menschen zum Beispiel von der des Schweins – dessen Erbgut unserem sehr ähnlich ist.

HAST DU SCHON GEWUSST,

dass noch vor rund 150 Jahren die meisten Menschen glaubten, Gott hätte alle Tiere und Pflanzen in genau der Form erschaffen, in der man sie kannte – und genau für den Ort, an dem sie lebten? Sie glaubten, dass die ersten Menschen Adam und Eva waren. Erzbischof James Usher (1581-1656) hatte in Irland anhand der Bibel errechnet, dass Gott die Erde 4004 Jahre vor Beginn unserer Zeitrechnung geschaffen hatte. Es gehörte für den englischen Mediziner, Theologen und Naturforscher Charles Darwin (1809-82) viel Mut dazu, diesen Glauben in Frage zu stellen. Darwin stellte 1859 als Erster die Theorie auf, dass Tiere und Pflanzen sich aus einfacheren Vorfahren entwickelt haben.

Junger Schimpanse

Fische

Fische leben im Wasser, atmen durch Kiemen, anstatt durch Lungen und gebären meist keine lebenden Jungen, sondern legen Eier, die wie Geleekügelchen aussehen. Je nach Art ihres Skeletts werden sie in Knochen- und Knorpelfische unterschieden.

Knochenfische und Knorpelfische

Die meisten Fische gehören zu den Knochenfischen. Ihr Skelett ist so hart wie unsere Knochen. Achte mal darauf, wenn du einen Fisch isst. Haie, Rochen und Seedrachen zählen dagegen zu den Knorpelfischen. Bei ihnen sind nur die Zähne verknöchert. Das übrige Skelett besteht aus Knorpeln, die biegsamer sind.

Schuppen schützen

Wie die **Amphibien** schützen Fische ihre Haut durch eine Schleimhaut vor dem Austrocknen. Darüber haben die meisten Fische Schuppen, die deutlich zu sehen sind. Sie schützen das Tier vor Verletzungen. Auch Haie und Aale haben Schuppen. Bei den Haien sind sie allerdings so klein, dass sie nur unter dem Mikroskop zu erkennen sind, und bei Aalen liegen sie unter der Haut. Die Schuppen des Igelfischs sind wie Stacheln. Wenn er sich angegriffen fühlt, stellt er sie wie ein Igel senkrecht auf. An Ringen in den Schuppen kann man das Alter eines Fischs ablesen. Manche Fische haben nur an bestimmten Körperstellen leichte, dünne Schuppen, damit sie schnell schwimmen können. Andere haben gar keine Schuppen, zum Beispiel Neunaugen und Welse.

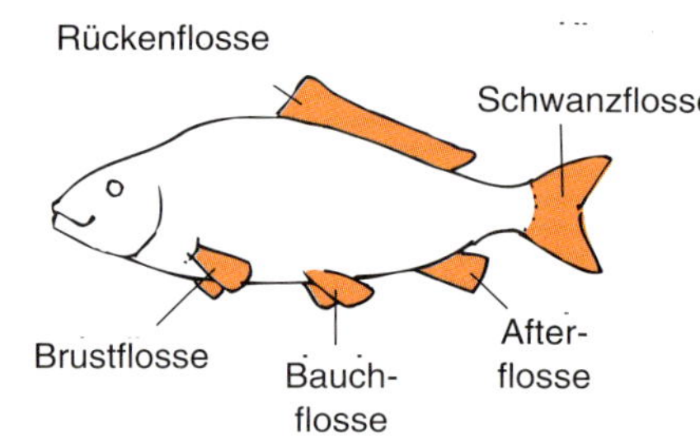

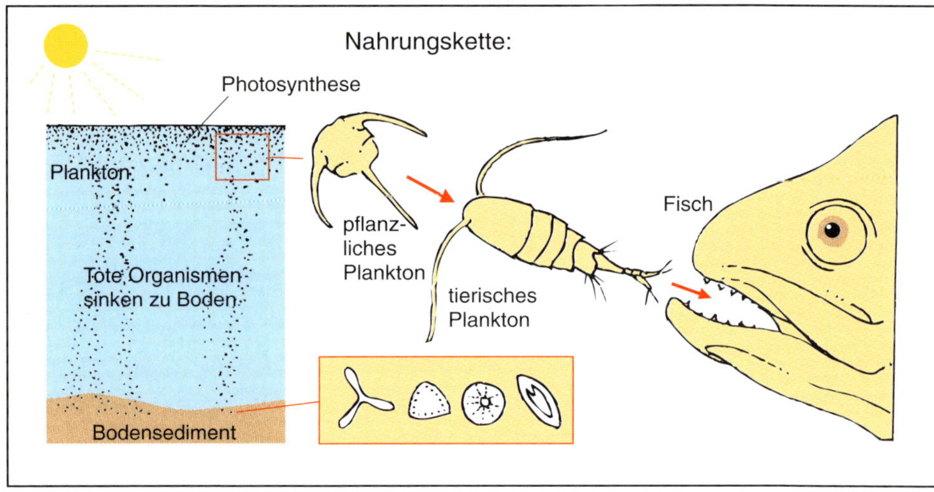

HAST DU SCHON GEWUSST,

dass Fische zu den ältesten Lebewesen der Erde gehören? Es gibt sie schon seit etwa 450 Millionen Jahren.

Auch Fische atmen

Fische atmen ebenso wie wir Sauerstoff ein und Kohlendioxid aus. Sie bekommen diesen Sauerstoff aber nicht aus der Luft, sondern aus dem Wasser. Wasser besteht ungefähr zu einem Drittel aus Sauerstoff. Die Fische lassen beim Schwimmen das Wasser in ihr Maul strömen und pressen es durch die Kiemen wieder heraus. Dabei entziehen sie dem Wasser den notwendigen Sauerstoff. Wasserpflanzen produzieren übrigens im Wasser ebenso Sauerstoff wie Landpflanzen an Land. Dazu brauchen sie allerdings ebenfalls Licht. Deshalb ist es wichtig, ein Aquarium tagsüber zu beleuchten.

Fische an Land

Es gibt Fischarten, die auch an Land gehen, zum Beispiel Aale. Nachts schlüpfen sie wie Schlangen durch feuchtes Gras um von einem Bach zum anderen zu gelangen. Sie haben vor ihrem Landgang einen Wasservorrat um ihre Kiemen gesammelt, aus dem sie den notwendigen Sauerstoff beziehen. Ein anderes Beispiel sind Schlammspringer, die bei Ebbe in den tropischen Mangrovensümpfen auf Jagd gehen. Sie haben zwar Kiemen, können damit aber auch Luft atmen.

HAST DU SCHON GEWUSST,

dass der Schützenfisch so heißt, weil er seine Beute „erschießt“? Er frisst Insekten und ist in der Lage, aus seinem Maul wie mit einer Wasserpistole einen kräftigen Wasserstrahl zu spritzen, mit dem er das überraschte Insekt „abschießt“. Nachdem es ins Wasser gefallen ist, ist der pfiffige Fisch schnell zur Stelle.

Delfine sind Säugetiere

Schlammspringer erinnern an die ersten Tiere, die aus dem Wasser kamen und zu Landtieren wurden, die Quastenflosser.

Große Augen und andere Sinnesorgane

Schon in einer Tiefe von wenigen Metern unter der Wasseroberfläche ist es relativ dunkel. Deshalb haben Fische große Augen mit weiten Pupillen. Sie haben auch Ohren, aber weniger, um damit zu hören, sondern eher als Gleichgewichtsorgane. Ihre Nase besteht aus zwei flachen Gruben am Kopf, aber sie atmen ja durch die Kiemen. Bei Aas fressenden Fischen ist der Geruchsinn gut ausgebildet, denn sie müssen ihre Beute über weite Strecken „erschnuppern“. Der Geschmackssinn sitzt in der Mundhöhle, aber auch in den oft sehr empfindlichen Bartfäden um das Maul. Die sind außerdem wichtige Tastorgane. Auf beiden Seiten des Körpers haben Fische ein besonderes **Sinnesorgan**, das Seitenlinienorgan. Es reicht vom Kopf bis zum Schwanz und Fische spüren damit, wenn sich der Wasserdruck verändert, zum Beispiel durch ein Hindernis oder die Bewegung eines größeren Tieres.

HAST DU SCHON GEWUSST,

dass sich manche Fische auf eine besondere Art miteinander unterhalten? Sie pupsen. Das haben schottische und kanadische Wissenschaftler herausgefunden, indem sie Heringe im Meer gefangen und später in großen Becken mit Kameras und Mikrofonen beobachtet haben.

Warum haben Fische große Augen?

Fische „atmen“ unter Wasser Sauerstoff

Flüsse sind der Lebensraum für viele Tierarten

Die meisten Flüsse entspringen im Gebirge

Flüsse sind fließende Gewässer, die eine wichtige Rolle im **Wasserkreislauf** spielen. In und an Flüssen leben viele unterschiedliche Tier- und Pflanzenarten.

Flüsse sind Lebensadern

Die Menschen haben schon immer gern in der Nähe von Flüssen gesiedelt. Hier fanden sie alles, was sie zum Leben brauchten: Wasser zum Trinken, Kochen, Waschen und für die Bewässerung ihrer Felder, Fische für den Kochtopf und fruchtbares Ackerland, das die Flüsse hinterließen, nachdem sie über die Ufer getreten waren. Flüsse dienen außerdem als Wasserstraßen für die Beförderung von Frachtgut und Passagieren. An manchen Flüssen wurden auch Staustufen gebaut, mit deren Hilfe Strom hergestellt wird.

Kläranlagen schützen das Wasser

Das Wasser der Flüsse war einmal sauber. Aber bereits vor langer Zeit gewöhnten sich die Menschen an, ihre Abfälle einfach ins Wasser zu leiten. Waschwasser, die Inhalte von Toiletten, Chemikalien, die zum Gerben von Leder gebraucht wurden, und vieles mehr. Mit dem Wachsen der Industrien wurde es noch schlimmer und dazu kamen die Düngerreste von den Äckern. Bei uns wird Wasser heute in Kläranlagen gereinigt, ehe es zurück in den Fluss geleitet wird. In vielen Flüssen kann man heute wieder gefahrlos baden.

HAST DU SCHON GEWUSST,

dass man 15 Badewannen voll Wasser braucht, um die Verschmutzung durch einen einzigen Esslöffel Öl zu beseitigen?

Weiches Wasser bricht den Stein

Fließendes Wasser entwickelt ungeheure Kräfte. Es gräbt Täler in die härtesten Berge, reißt Schluchten und trägt Hänge ab. In Jahrmillionen macht es aus steilen Berggipfeln sanfte Hügel. Die meisten Flüsse entspringen in Gebirgen. Sie beginnen als kleine Rinnsale, klare Gebirgsbächlein und werden schließlich zu kräftigen Bächen. Schon die kleinsten von ihnen verändern ihre Umgebung – steter Tropfen höhlt den Stein. Felsen, Sand und Steine werden abgetragen und fortgeschwemmt. Diesen Prozess nennt man **Erosion**. Der Grund für die meist gewundenen Flussläufe liegt darin, dass sie sich ihren Weg mühsam bahnen mussten und immer den Weg des jeweils geringsten Widerstandes gewählt haben.

Überschwemmungen

Von den alten Ägyptern ist bekannt, dass sie in der Nähe des Nils siedelten, weil sie wussten, dass dieser mächtige Fluss regelmäßig über die Ufer trat und dabei die Äcker mit fruchtbarem Schlamm überschwemmte. Das war die Lebensgrundlage der Bauern, denn darauf wuchs das Getreide sehr gut. Als bei uns vor einigen Jahren die Elbe über die Ufer trat, zerstörten die Wassermassen viele Häuser und historische Gebäude und richteten großen Schaden an. Jedes Jahr kommt es in Flussregionen in aller Welt zu ähnlichen Überschwemmungen, die riesige Schäden anrichten und Menschen und Tiere das Leben kosten. Solche Überschwemmungen sind **Naturkatastrophen**.

Die größten Flüsse

Der größte Fluss in Deutschland ist der Rhein. Mit seinen 1320 Kilometern ist er im Weltmaßstab aber eher einer der kleineren Flüsse. Der längste ist mit 6671 Kilometern der Nil, der über weite Strecken durch die **Wüste** Sahara fließt. Der riesige Amazonas in Südamerika ist mit 6437 Kilometern nicht viel kürzer. An dritter Stelle folgt der Mississippi in den USA, der gemeinsam mit dem Missouri auf 6021 Kilometer kommt. Dann gibt es noch den Chang Jiang (früher hieß er Jangtsekiang) in China, der fast 6000 Kilometer lang ist, nämlich 5980. Alle anderen großen Flüsse der Welt sind kürzer als 5000 Kilometer.

Iguazu-Wasserfälle

HAST DU SCHON GEWUSST,

dass die Wassermassen, die in einer Sekunde durch den Amazonas fließen, ausreichen würden, um ganz München ein Jahr lang mit Wasser zu versorgen?

Der Fluss der Flüsse

Der mächtigste Fluss ist der Amazonas. Er führt hundertmal so viel Wasser wie der Rhein. Das Wasser des zweitgrößten Flusses der Welt, des Kongo in Afrika, würde zweieinhalb- bis fünfmal in den Amazonas hineinpassen, der Mississippi sogar zwölfmal. Das Mündungsdelta des Amazonas ist über 250 Kilometer breit. Die Insel Marajó darin ist so groß wie die gesamte Schweiz. Rund 200 größere Flüsse vereinigen sich mit dem Amazonas, mindestens 17 davon sind länger als der Rhein. Das Einzugsgebiet des Amazonas umfasst zwei Drittel von ganz Südamerika und die größten Regenwälder der Welt.

Fortpflanzung

Das Leben ist ein ewiger Kreislauf – für alle Pflanzen, Tiere und Menschen. Die wichtigste Aufgabe für jede Art ist es, dafür zu sorgen, dass sie weiterbesteht und die nächste Generation erzeugt wird. Das nennt man Fortpflanzung.

Geschlechtliche Fortpflanzung

Die meisten Arten auf der Erde gibt es in einer männlichen und einer weiblichen Form. Die weiblichen Tiere, auch wir Menschen, produzieren Eizellen, die männlichen Samenzellen. Bei den meisten Pflanzen ist es ähnlich. Die weiblichen haben die so genannte Narbe und die männlichen Pollen oder Staubgefäße. Das Grundprinzip ist das Gleiche: Die männlichen Exemplare müssen die weiblichen befruchten. Sie bringen ihren Anteil – Samen oder Pollen – mit dem weiblichen Ei oder der Narbe zusammen. Daraus entwickelt sich neues Leben. Kleine **Säugetiere** und Menschen wachsen im Bauch ihrer Mutter und werden dann geboren. Vögel legen Eier, die sie ausbrüten. Fische, Amphibien und Reptilien legen Eier ab, die etwas anders aussehen und aus denen sich zunächst Larven entwickeln. Viele Pflanzen bekommen Früchte. Bei ihnen übernehmen Insekten oder andere Tiere und auch der Wind die Befruchtung, indem sie die Pollen zu den Narben tragen.

Ungeschlechtliche Fortpflanzung

Die ungeschlechtliche Fortpflanzung erfolgt durch Teilung, Sprossung oder Knospung. **Bakterien** und andere Lebewesen, die aus nur einer Zelle bestehen, teilen sich beispielsweise – aus eins mach zwei. Auch **Korallen** teilen sich. Seesterne haben neben der geschlechtlichen Vermehrung die Möglichkeit, einen ihrer Arme abzustoßen. Aus dem kann sich ein neuer Seestern entwickeln. Es gibt auch Pflanzen, die sich ungeschlechtlich vermehren. Ein Beispiel ist die Erdbeere. Sie bildet Ableger, die man dann einzeln in die Erde steckt.

Bienen helfen bei der Bestäubung

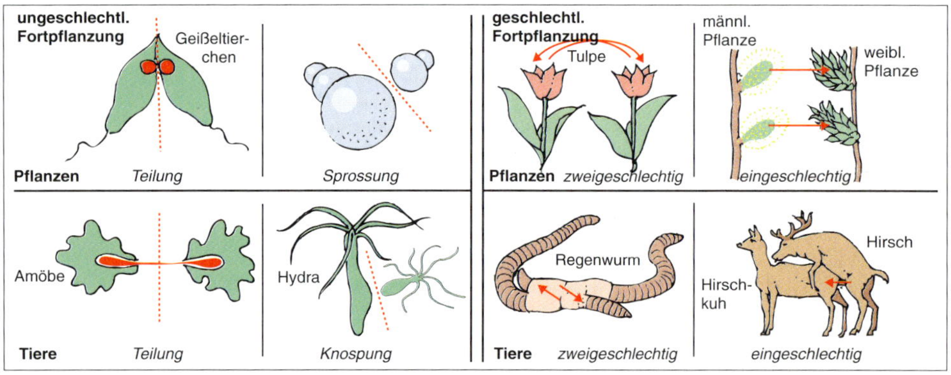

Fortpflanzung

Clownfische

Clownfische – solche wie Nemo aus dem Zeichentrickfilm – sind etwas Besonderes. Sie leben in Seeanemonen in Korallenriffen. Zunächst sind sie alle männlich. Nur das größte Tier in jeder Anemone ist ein Weibchen. Stirbt es, wandelt sich eins der Männchen in ein Weibchen um. Seine

Eier im Vogelnest

PROBIER ES AUS!

Füll ein großes Gurkenglas halb mit trockenem Laub, Heu und zerkleinertem Stroh. Wenn du eine Wasserpflanze findest, gib sie mit dazu. Dann füllst du das Glas mit Wasser aus einem Teich (stehendes Wasser, kein Bachwasser). Gieß es durch ein Tuch, um Larven und Krebstierchen herauszufiltern. Stell das Glas in deinem Zimmer an einen hellen, aber nicht sonnigen Platz. Nach wenigen Tagen hat sich eine Art Haut auf der Oberfläche gebildet. Untersuche sie unter dem Mikroskop: Du wirst Bakterien finden, einzellige Lebewesen. Beobachte noch ein paar Wochen, was in dem Glas passiert. Vielleicht siehst du die Zellteilung einer Bakterie oder eines einzelligen Wimperntierchens.

Samenfrucht einer Pflanze

Eier legt es am Fuß der Anemone auf den Meeresboden. Daraus entwickeln sich Larven, die sich nach ein bis drei Wochen ihre eigene Anemone suchen.

Zwitterwürmer

Regenwürmer sind männlich und weiblich zugleich. Aber fortpflanzen können sie sich nicht allein. Zur Paarung kleben sich zwei an einem leicht verdickten Teil ihres Körpers, dem Clitellum, aneinander. Beide produzieren Eier und Samen und befruchten sich gegenseitig. Das Clitellum verhärtet sich, die Eier kommen dort hinein und die kleinen Würmer schlüpfen dort heraus.

Eier legende Säugetiere

Schnabeltiere sind sehr selten und leben nur in Australien und Tasmanien. Sie sind Säugetiere – aber die Weibchen legen bis zu drei Eier in eine Höhle und brüten sie aus. Wenn die Jungen nach etwa zehn Tagen schlüpfen, werden sie gesäugt: Sie schlecken die Milch auf, die aus Drüsen am Bauch der Mutter fließt.

Lebend gebärende Haie

Haie sind keine Säugetiere, sondern Knorpelfische. Aber fast die Hälfte aller bekannten Haiarten gebären lebendige Junge. Beim Blauhai sind es bis zu 60, damit ist er der Rekordhalter im Gebären. Die meisten anderen Arten bekommen vier bis acht Junge. Allerdings säugen die Haimütter ihre Brut nicht und kümmern sich auch sonst nicht um sie. Wie das bei einer Vielzahl von **Fischen** so ist.

Jungvögel

HAST DU SCHON GEWUSST,

dass manche Bäume sich Leihmütter suchen? In der Sahara gibt es eine Zypressenart, deren Pollen sich auf verwandten Baumarten festsetzen und dort heranwachsen. Dies ist der einzige bekannte Fall, in dem männliche Pflanzen so etwas tun. Es gibt allerdings Laubbäume, bei denen sich weibliche Pflanzen ohne Befruchtung vermehren können.

Fossilien

Versteinerung

Fossilien sind versteinerte Reste von Tieren oder Pflanzen, die vor Millionen Jahren gelebt haben.

Versteinert statt verwest

Wenn ein Tier stirbt, werden seine Überreste normalerweise von Bakterien, Pilzen und kleinen Lebewesen zersetzt. Wird es aber sofort mit großen Mengen Sand bedeckt, kann dieser Sand den Kadaver luftdicht von der Außenwelt abschließen und damit konservieren. Der Druck und die Temperatur der Gesteinsmassen, die sich darüber ansammeln, „pressen“ ihn wie eine Blume in einem Buch. Salzhaltiges Wasser fließt durch die Gesteinsschichten und umschließt die Knochen des Tiers. Die Weichteile seines Organismus werden nach und nach durch festes Material ersetzt. Das Ganze wird eins mit dem Stein, von Stein umschlossen oder presst sich wie ein Stempel in den Stein hinein. So sind auch pflanzliche Fossilien entstanden. Besonders häufig werden Fossilien dort gefunden, wo einmal urzeitliche Meere waren.

Spuren der Vorgeschichte

Wissenschaftler, die Fossilien und Knochenfunde aus der Vorzeit erforschen, nennt man Paläontologen. Dieser Name leitet sich vom griechischen Wort „paleio“ ab, das „alt“ bedeutet. Jahrelang graben diese Forscher in der Erde und tragen ihre Schätze zusammen, reihen Knöchelchen um Knöchelchen, Zähne, Abdrücke und andere Spuren der Vorzeit aneinander und reimen sich daraus Schritt für Schritt wie in einem Puzzle ein Bild davon zusammen, wie das Leben auf der Erde vor Jahrmillionen ausgesehen haben könnte. Manchmal kommen durch die Bewegungen der Erdoberfläche oder durch **Erosion** einzelne Fossilien nach Millionen von Jahren wieder ans Licht. Ab und zu werden Fußspuren von Dinosauriern gefunden oder Abdrücke von Hautpartien. Manchmal finden sie Nahrungsreste im Magen oder in Kotballen oder auch angenagte Knochen. Das sind besondere Glücksfälle für die Paläontologen.

Vorfahre der Vögel

Immer wieder müssen Paläontologen ihre Theorien über den Ursprung der Arten korrigieren. Bisher hielt man beispielsweise den Archäopteryx für das einzige Bindeglied zwischen **Dinosauriern** und **Vögeln**. Ein etwa taubengroßes Fossil dieses echsenähnlichen Tieres, das aber schon Federn hatte, war 1861 in Bayern

Ein toter Fisch sinkt auf den Grund. Bevor die Verwesung beginnt...

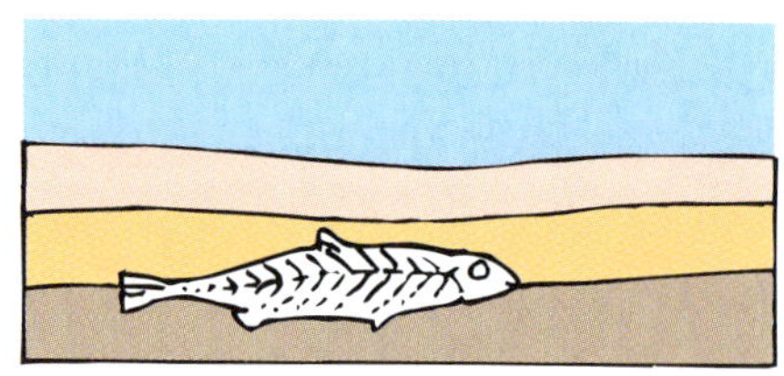

...wird er vom Sediment bedeckt (Schlamm, Ton, Sand).

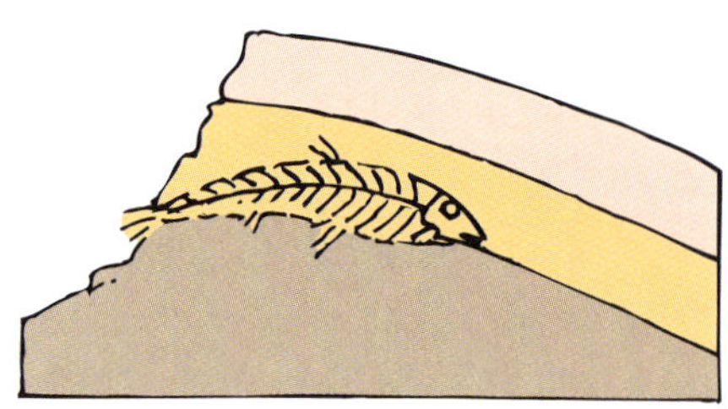

Das Sediment wird zu Stein und das Fischskelett mineralisiert. Durch geologische Verschiebungen wird das Fossil an die Oberfläche beförfert.

HAST DU SCHON GEWUSST,

dass der Ginkgo-Baum zu den ältesten Bäumen der Erde gehört? In China wurden im Jahr 2003 fossile Blätter des Ginkgo-Baums gefunden, die den heutigen Ginkgo-Blättern sehr ähnlich sind. Sie sind 121 Millionen Jahre alt.

Lebendes Fossil

gefunden worden. Im Jahr 2000 bekam es jedoch Konkurrenz. Chinesische Bauern gruben zufällig das Fossil eines etwa krähengroßen Tiers aus, dessen Alter die Forscher auf 125 Millionen Jahre datierten. Es hatte Krallen wie ein Vogel, einen Schwanzwirbel, der ebenfalls für Vögel typisch ist, und Federn. Die Forscher nannten es Microraptor zhaoianus.

Lebende Fossilien

Auf Inseln, in unberührten tropischen Urwäldern oder in der Tiefsee existieren Tierarten, die man lebende Fossilien nennt. In Regionen, die geographisch und ökologisch von anderen isoliert sind, haben sich manche Lebensformen aus den Urzeiten erhalten. Ein typisches Beispiel für solche isolierte Gebiete sind Australien mit seinen Beuteltieren, Schnabeltieren, Ameisenigeln und Quastenflossern oder die Galapagosinseln, wo große Echsen bis heute überlebt haben. Auch Krokodile, Schildkröten oder einige Salamander- und Schlangenarten gehören zu den lebenden Fossilien. Sie sind Nachfahren von Tieren, die anderswo auf der Erde längst ausgestorben sind. Mit ihrer Hilfe können Paläontologen nachvollziehen, wie heute ausgestorbene Tiere einmal ausgesehen und gelebt haben könnten.

Der älteste Salamander

Im Jahre 2003 fand man in der inneren Mongolei in China Fossilien einer Salamanderart, die 161 Millionen Jahre alt waren. Damit sind sie die ältesten bisher gefundenen Salamander der Erde. Die Tiere waren einem riesigen Vulkanausbruch zum Opfer gefallen, bei dem vermutlich zahlreiche Arten komplett vernichtet wurden. Ein besonderer Glücksfall für die Forscher ist, dass sie dadurch nicht einzelne Salamander, sondern Tausende gefunden haben. Daran können sie nun ausführlich die Entwicklung der Schwanzlurche in den vergangenen 160 Millionen Jahren studieren. Ihnen fiel eine große Ähnlichkeit zu heute lebenden Salamanderarten auf, die deshalb zu den lebenden Fossilien zählen.

HAST DU SCHON GEWUSST,

dass die Qualle eines der ältesten Tiere auf der Erde ist? Schon vor 590 Millionen Jahren trieben die ersten Quallen durch die Urmeere.

Versteinerte Schnecke

Fotosynthese

Pflanzen sind lebenswichtig

Die Fotosynthese ist ein chemischer Prozess, ohne den es kein Leben auf der Erde gäbe. Denn durch diesen Prozess erzeugen grüne Pflanzen – und nur sie! – allen Sauerstoff auf der Erde.

Sonne + Wasser + Luft + Chlorophyll

Das ist die Formel, aus der Sauerstoff hergestellt wird. Jede Grünpflanze ist in der Lage, aus Wasser, dem Kohlendioxid in der Luft und dem Chlorophyll – das ist der Stoff, aus dem die grüne Farbe ihrer Blätter besteht – Sauerstoff herzustellen. Eigentlich macht sie aus diesen Grundstoffen mit Hilfe der Sonnenenergie Traubenzucker (das Fachwort dafür heißt Glucose). Daraus stellt die Pflanze durch verschiedene chemische Prozesse die Pflanzenfasern, Wurzeln, Blätter und neues Chlorophyll her, kurz: alles was sie braucht, um zu wachsen und zu gedeihen. Die Glucose ist ihr Nährstoff. Der Sauerstoff entsteht dabei als Abfallprodukt. Die Pflanze spuckt ihn sozusagen aus – sie braucht ihn nicht. Gut für uns.

Grüne Pflanzen erzeugen durch die Fotosynthese Sauerstoff

PROBIER ES AUS!

Du kannst beweisen, dass Pflanzen Sauerstoff abgeben. Dazu brauchst du ein Einmachglas, Wasser, ein frisches Pflanzenblatt und eine Lupe. Füll das Glas mit Wasser und lege das Blatt hinein. Dann stell das Glas für mindestens eine halbe Stunde in die Sonne – so lange, bis es sich von außen warm anfühlt. Beobachte das Ganze genau durch die Lupe: Auf dem Blatt und im Glas bilden sich unzählige kleine Bläschen. Das ist der Sauerstoff, den das Blatt abgibt. Denn aus der Sonne, dem Wasser, dem Chlorophyll und dem Kohlendioxid, das es vorher aus der Luft aufgenommen hatte, produziert das Blatt – wie jede Grünpflanze – seine Nahrung. Der Sauerstoff bleibt dabei übrig.

Sauerstoff selbst machen?

Sind wir wirklich auf die Pflanzen angewiesen, um zu unserem Sauerstoff zu kommen? Menschen können schließlich heutzutage vieles selbst herstellen – warum keinen Sauerstoff? Weil Sauerstoff überall drin steckt – auch in Sand, in Pflanzen und in der Luft. Ihn dort herauszulösen

HAST DU SCHON GEWUSST,

dass ein Apfelbaum das Kohlendioxid aus rund 50.000 Litern Luft benötigt, um einen einzigen Apfel herzustellen?

würde viel zu viel Energie kosten, und die Produktion dieser Energie würde viel zu viel Kohlendioxid freisetzen. Wir werden also auch in Zukunft auf die Pflanzen angewiesen bleiben, wenn wir Sauerstoff atmen wollen.

Sonnenenergie – von den Pflanzen lernen

Im Grunde ist jedes grüne Blatt ein Sonnenkollektor. Es zeigt uns Menschen, wie man die Sonnenenergie sinnvoll nutzen kann. Die Pflanze stellt damit ihre Nährstoffe her und der Mensch nutzt diese **Energie**, um Wasser zu erhitzen und aus dem Wasserdampf Strom zu erzeugen.

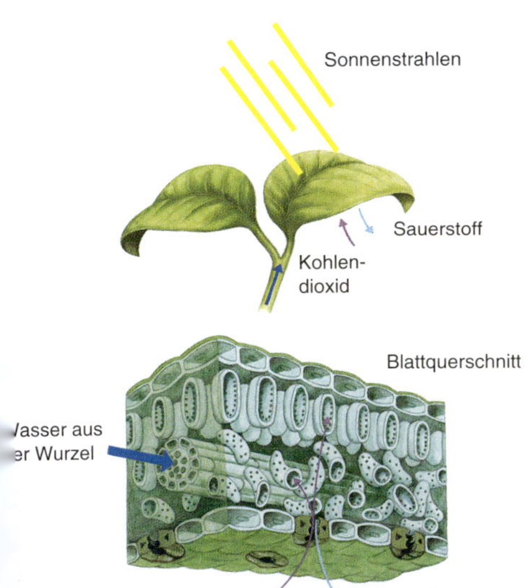

Die Blätter von Pflanzen sind der Hauptort der Fotosynthese. Die Sonnenstrahlen liefern Energie, mit deren Hilfe aus Wasser und Kohlendioxid energiereiche Zuckerverbindungen im Blatt aufgebaut werden. Dabei gelangt Sauerstoff in die Atmosphäre. Dieser Vorgang ist die Grundlage für alles Leben auf der Erde.

Jedes Blatt ist ein kleiner Sonnenkollektor

Kohlenhydrate sind lebenswichtig

Durch die Fotosynthese werden jedes Jahr auf der Erde 150 Milliarden Tonnen energiereiche Kohlenhydrate (in erster Linie als Traubenzucker = Glucose) produziert. Der Name Kohlenhydrate kommt daher, weil die Pflanzen sie aus Kohlenstoff und Wasser (Wasser heißt auf Griechisch hydro) herstellen. Diese Kohlenhydrate sind nicht nur wichtig, weil die Pflanzen daraus ihre Kraft beziehen, um zu wachsen und ganz nebenbei immer neuen Sauerstoff für uns zu produzieren. Pflanzen sind auch ein Hauptnahrungsmittel für uns Menschen und viele Tiere. Wir nehmen also diese Kohlenhydrate ebenfalls als Nährstoffe zu uns, denn sie sind wichtige Bestandteile unserer Ernährung.

Umweltverschmutzung behindert die Fotosynthese

Die Wissenschaftler haben erst sehr spät und in kleinen Schritten herausgefunden, wie lebenswichtig die Fotosynthese der Pflanzen für unser eigenes Leben ist. Erst 1953 bewies der amerikanische Chemiker Melvin Calvin (1911-97) wie die Fotosynthese im Einzelnen funktioniert. Er bekam dafür 1961 den Nobelpreis für Chemie. Aber noch heute verhalten sich die meisten Menschen, als wüssten sie nichts über den lebenswichtigen Stellenwert der Pflanzen für jeden von uns. Sie benutzen zum Beispiel beim Anbau von Nahrungsmitteln so genannte Pflanzenschutzmittel – die in Wirklichkeit die Fotosynthese behindern. Sie lassen aus Fabrikschornsteinen Gifte wie zum Beispiel das Schwefeldioxid in die Luft entweichen. Die Pflanzen atmen diese Gifte zusammen mit dem für sie lebensnotwendigen Kohlendioxid über die Atemöffnungen in ihren Blättern ein und vergiften sich damit langsam. Auch das pflanzliche Plankton in den Meeren, das die Hälfte des Sauerstoffs der Erde herstellt, ist durch Schwermetalle bedroht, die als Abfall in die Ozeane gekippt werden.

Gebirge

Gebirge sind Landschaften aus Bergen und Tälern. Sie sind in einer Zeit entstanden, als die großen Gesteinsplatten im Inneren unserer Erde viel heftiger in Bewegung waren als heute. Diese Platten, Kontinentalplatten genannt, schwimmen auf der flüssigen Lava, die den Erdkern umgibt. Vor 300 bis 400 Millionen Jahren haben sie sich mit solcher Gewalt gegen- und übereinander geschoben, dass sich unter ihrem riesigen Druck auf der Erdoberfläche Falten und Wellen bildeten. Aus ihnen entstanden im Laufe der Jahrmillionen, die seitdem vergangen sind, durch Verwitterung und **Erosion** die Hoch- und Mittelgebirge der Erde.

Berggipfel

PROBIER ES AUS!

Wie kann Druck auf die Erdplatten dazu führen, dass Berge entstehen? Probier es aus! Dazu brauchst du nur eine glatte Arbeitsfläche und Knete. Forme aus der Knete mit der Handfläche oder einem Nudelholz eine kleine Platte oder eine 20 cm lange Schlange. Dann schiebst du diese Platte oder Schlange von beiden Enden her mit den Händen zusammen. Du siehst, sie wölbt sich in der Mitte und bildet Wellen oder Zickzacklinien. So war das auch bei den Kontinentalplatten, als sie die Berge formten. Du kannst das auch mit einem Haufen Legosteinen ausprobieren, die du nebeneinander legst und dann von den Seiten her auf einen Haufen schiebst. Es ist das gleiche Prinzip.

Das Dach der Welt

Der Himalaja zwischen China und dem indischen Subkontinent wird als „Dach der Welt“ bezeichnet, weil er das höchste Gebirge der Erde ist. Er erstreckt sich über 2500 Kilometer Länge. Zehn seiner majestätischen Gipfel sind höher als 8000 Meter. Der höchste ist der Mount Everest. Er ist fast neun Kilometer hoch: 8846 Meter. Alle anderen Gebirge der Erde sind deutlich niedriger. Der höchste Berg außerhalb des Himalaja ist mit „nur“ 6959 Meter der Aconcagua in den Anden.

Montblanc – der höchste Berg Europas

Montblanc ist ein französischer Name und bedeutet „weißer Berg“. Er liegt im größten Gebirge Europas, in den westlichen Alpen zwischen Italien und Frankreich. Der Montblanc ist 4807 Meter hoch und liegt in Frankreich. 17 **Gletscher** an seinen Hängen überziehen einen Großteil der Oberfläche mit einer dicken Eisschicht und färben den Berg dadurch weiß. So kommt der Montblanc zu seinem Namen.

Blick auf die Anden

Ein sensibles Ökosystem

Viele Menschen sehen in den Bergen einfach eine schöne Umgebung für ihre Sommerferien oder den Skiurlaub. Bergwandern von Almhütte zu Almhütte ist in den Alpen zu einer beliebten Beschäftigung für Touristen aus aller Welt geworden. Allerdings sind die Alpen der letzte Lebensraum vieler bedrohter Pflanzen- und Tierarten und die Heimat für 14 Millionen Menschen. Hier sind die größten Trinkwasservorräte ganz Mitteleuropas gespeichert. Gebirge sind also schützenswerte, sensible Ökosysteme, die nicht zer-

Alpentiere ernähren sich von dünnen Flechten und Kräutern

HAST DU SCHON GEWUSST,

dass man die Höhe eines Berges mit einem Barometer messen kann? Ein Barometer misst den Luftdruck, es zeigt also an, wie schwer die Luft ist. Je höher man kommt, desto dünner und damit leichter wird die Luft, also sinkt auch der Druck, den sie ausübt. Der Schweizer Professor und Naturforscher Horace Bénédict de Saussure (1740–99) hat mit einem Barometer die Höhe des Montblanc gemessen.

stört werden dürfen. Und was die Alpen für Europa sind, bedeuten zum Beispiel die Anden für Südamerika, der Himalaja für Asien oder der Kilimandscharo für Afrika.

Alpenpflanzen

In den Alpen gibt es insgesamt 4500 verschiedene Pflanzen. Das ist fast die Hälfte aller Pflanzen in ganz Europa. 417 davon wachsen nirgendwo sonst, besonders seltene Arten findet man nur in bestimmten Bereichen der Alpen. Es gibt allerdings wenig gute nährstoffreiche Erde in dieser kargen Gegend. Deshalb haben die Pflanzen eigene Überlebenstechniken entwickelt. Zum Beispiel haben auch kleinere oft meterlange Wurzeln. Je höher man kommt, desto kleiner werden die Pflanzen, weil sie so besser gegen Wind und den Druck des Schnees geschützt sind.

Alpentiere sind geschickte Kletterer

Tiere in den Alpen

Auch die Tiere in den Alpen haben sich ihrer Umwelt gut angepasst. Gämsen und Steinböcke sind geschickte Kletterer. Sie können von den Kräutern und dünnen Flechten überleben, die sie in höheren Bergregionen noch finden. Schneehasen haben im Sommer ein erdbraunes Fell und im Winter ein schneeweißes und Murmeltiere tauchen in der kalten Jahreszeit ab und halten bis zu neun Monate Winterschlaf. Um die Tiere der Alpenregionen nicht zu stören, sollten wir markierte Wege nicht verlassen, keine Pflanzen ausreißen und Lärm vermeiden.

Genforschung

Gene enthalten alle Erbinformationen, zum Beispiel, wie lang deine Nase wird oder welche Haarfarbe du hast. Kurz, sie enthalten das „Rezept“ dafür, wie jedes Geschöpf auf der Erde gebaut ist.

Chromosomen

Jedes Lebewesen besteht aus Millionen kleiner Zellen, von denen jede einzelne alle Informationen über Aufbau und Erhaltung des Ganzen enthält. Vor etwa hundert Jahren haben Biologen in Zellen, die sich gerade teilen wollten, mikroskopisch kleine fadenförmige Gebilde entdeckt, die Chromosomen. Das Wort kommt aus dem Griechischen und bedeutet „Farbkörper“, denn man kann diese Fädchen einfärben, um sie besser zu beobachten. Dabei fanden die Forscher heraus, dass jede Pflanzen- oder Tierart in jeder Zelle eine bestimmte Anzahl solcher Chromosomen hat. Bei uns Menschen sind es 23 Chromosomenpaare.

Desoxyribonukleinsäure – kurz DNS

Chromosomen bestehen aus Proteinen – also Eiweiß – und einer bestimmten Nukleinsäure, der DNS. Diese DNS hat nicht nur einen langen und komplizierten Namen, sie ist auch lang und kompliziert. Insgesamt ist sie rund 10.000-mal länger als das ganze Chromosom, aber so dicht gewickelt, dass man ihr das nicht sofort ansieht. Eine DNS besteht aus zwei schraubenförmig miteinander verflochtenen Strängen. Die nennt man wegen ihrer Form Doppelhelix. An dieser Doppelhelix wiederum hängen je vier

So sehen Chromosomenpaare des Menschen aus

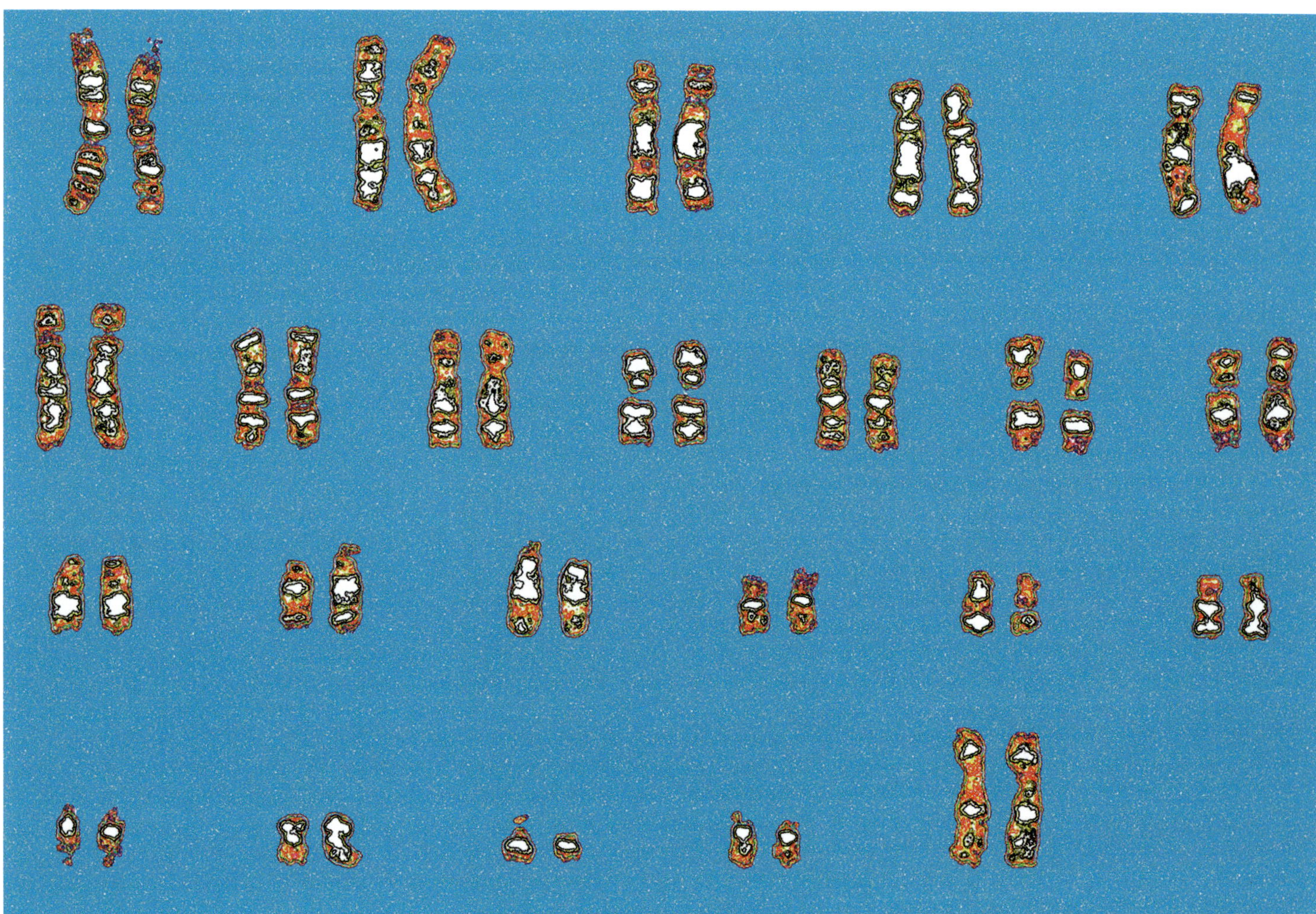

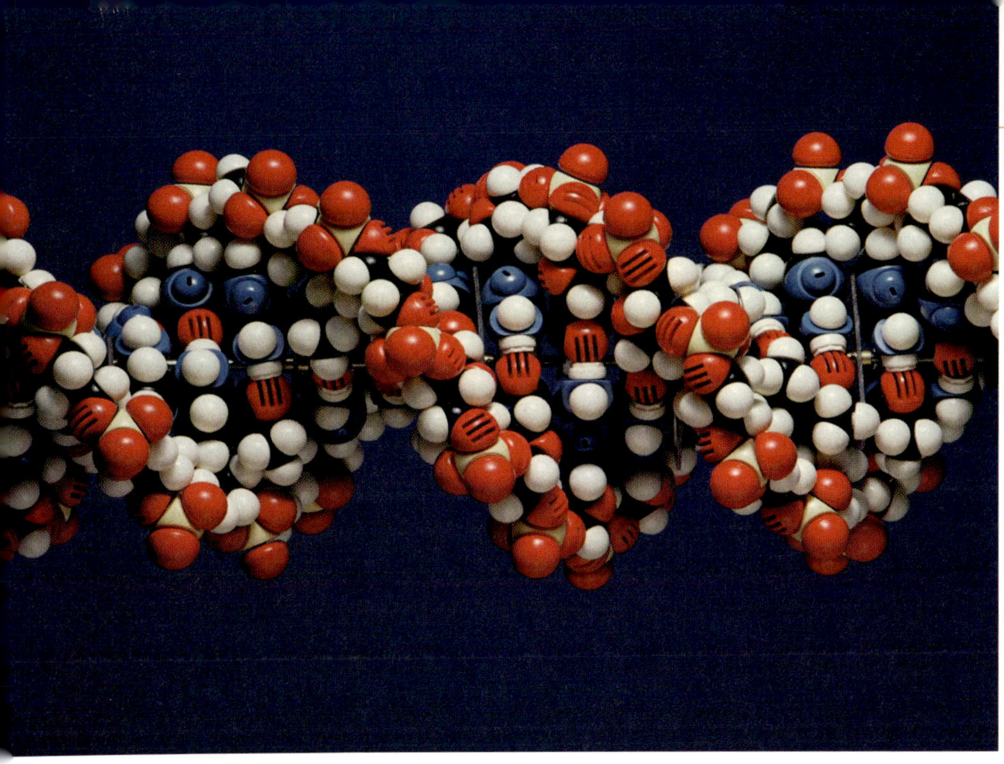
Modell der Desoxyribonukleinsäure (DNS)

verschiedene Anhängsel, die jeweils wie ein Computerprogramm aufgebaut sind und eine endlose Liste von Informationen liefern. Das sind die Gene.

Genforscher entschlüsseln Gene

Entschlüsseln bedeutet so viel wie enträtseln, genau herausfinden, wie etwas aussieht und wozu die einzelnen Bestandteile gut sind. Auf den ersten Blick sieht ein Gen aus wie ein Teil einer Geheimschrift. Und so etwas macht einen Forscher neugierig.

Sie wollen alles über die Zusammensetzung der Gene herausfinden. Als Nächstes wollen sie wissen, ob und wie man Gene und damit Eigenschaften von Pflanzen oder Tieren verändern kann. Vielleicht auch menschliche Gene? So kann man ein wenig „lieber Gott" spielen und vielleicht Krankheiten verhindern oder Pflanzen so verändern, dass sie gegen Schädlinge unempfindlich sind. Könnte man nicht auf diese Weise die Gesundheit und die Ernährung der Weltbevölkerung verbessern? Vielleicht. Seit etwa 30 Jahren experimentieren Gentechniker an diesen Themen herum.

Veränderte Gene – eine Gefahr?

Diese Versuche stoßen bei Naturschützern auf Misstrauen. Sie weisen uns darauf hin, dass die Natur ein sehr vielschichtiges und kompliziertes System ist, in dem alles und jedes voneinander abhängt. Wird also an einem Punkt in natürliche Prozesse eingegriffen, indem beispielsweise das Erbgut einer Maispflanze künstlich verändert wird – welche Auswirkungen hat das auf andere Arten? Zum Beispiel auf Tiere, die diesen Mais fressen? Oder auf uns Menschen, die wir die Tiere und den Mais essen? Wird das auch unsere eigenen Gene verändern? Wirklich wissen kann man so etwas erst nach vielen Jahren.

Dolly, das Klonschaf

1996 wurde in England ein ganz besonderes Schaf geboren: Dolly. Es war das weltweit erste Säugetier, das durch Klonen eines erwachsenen Tieres entstand. Klonen – das bedeutet, dass eine Körperzelle aus einem Tier entnommen wird und daraus ein neues Tier entsteht. In jeder Zelle eines Lebewesens ist ja dessen gesamtes Erbgut enthalten – also wird auf diese Weise ein exakter Doppelgänger des Spendertieres erzeugt. Dolly wurde nicht alt. Schon mit sechs Jahren musste sie eingeschläfert werden, weil sie an einer Krankheit litt, die sonst nur ältere Tiere bekommen. Weil sie aus alten Zellen geklont war? Das weiß man nicht genau. Heute steht Dolly ausgestopft im Nationalmuseum in Edinburgh. Und schon denken manche Forscher laut darüber nach, dass man ja auch ohne weiteres Menschen klonen könnte.

HAST DU SCHON GEWUSST,

dass heute in vielen Nahrungsmitteln gentechnisch veränderte Bestandteile enthalten sind? Bekannt sind Soja und Mais, die in den USA, Kanada und Argentinien in großen Mengen angebaut und in vielen Nahrungsmitteln bis hin zu Tierfutter für Schlachtvieh verwendet werden. Das erste gentechnisch veränderte Gemüse, das in Amerika auf den Markt kam, war eine Tomate, die nicht mehr so schnell matschig wurde.

Gewitter

Ein Gewitter reinigt die Luft: Das Regenwasser spült Luftverschmutzungen und Staubpartikelchen auf den Boden. Der Donner ist nichts weiter als Krach – aber vor Blitzen solltest du dich hüten.

Ein Gewitter entsteht

Gewitter entstehen, wenn sehr warme Luftmassen auf kalte stoßen. Solch ein **Wetter** haben wir hauptsächlich im Sommer. Die erwärmte Luft türmt sich zu riesigen Gewitterwolken auf, in denen die heiße Luft schnell nach oben zischt und die kalte wieder heruntersaust. Tropfen und Staubpartikelchen in der Wolke bewegen sich in diesem Tempo mit und laden sich dadurch elektrisch auf. Meistens bildet sich im kalten, höher gelegenen Teil der Wolke eine mächtige positive elektrische Ladung und in ihrem warmen unteren Bereich eine negative. Die starke Spannung, die dabei entsteht, entlädt sich in Blitzen.

Blitz und Donner

Die Luft gerät jedes Mal in Schwingungen, wenn sich ein Körper, Gase oder Flüssigkeiten bewegen. Wenn ein Blitz durch die Luft zischt, erwärmt sich dadurch die Luft in seiner Umgebung und dehnt sich schnell aus. Das erzeugt hörbare Schwingungen. Ist es nur ein kurzer Blitz, dann hörst du einen Knall. Manche Blitze ziehen sich aber über weite Strecken hin. Dann entsteht langes Donnergrollen.

PROBIER ES AUS!

Einen Donner kannst du selbst erzeugen. Dazu brauchst du nichts weiter als eine leere Brötchentüte aus Papier. Blas sie auf wie einen Luftballon. Dann drehst du die Öffnung der Tüte zusammen und hältst sie mit einer Hand zu. Mit der anderen Hand schlägst du so kräftig auf die Tüte, dass sie platzt. Damit hast du einen lauten Knall – einen Donner – erzeugt: Du hast Luft in schnelle, heftige Bewegung gebracht. So funktioniert das auch beim echten Donner.

Verhalten bei Gewitter

Halte dich bei Gewitter möglichst nicht draußen auf, denn so mancher ist schon vom Blitz getroffen worden und hat diese Begegnung nicht überlebt. Nimm das ernst. Wenn du draußen bist, sieh zu, dass du nicht auf einem Berggipfel stehst. Der Blitz nimmt normalerweise den kürzesten Weg und schlägt in das Höchstgelegene ein, das er finden kann. Stell dich nicht in die Nähe eines Telegrafenmastens oder eines frei stehenden Baums. Achte darauf, dass du von Gegenständen umgeben bist, die höher sind als du. Such Schutz unter kleinen Bäumen oder in Senken, und wenn du auf freiem Feld bist, duck dich möglichst eng an den Boden. Geh auf keinen Fall in die Nähe von Schienen, Metallzäunen oder anderen Gegenständen aus Metall, denn die ziehen den Blitz an. Ein Schirm zum Beispiel enthält auch Metall! Geh nicht ans Wasser, schon gar nicht in ein Boot auf dem Wasser, denn Wasser leitet Elektrizität. Wenn du in einem Haus bist, bleib aus der Nähe von Fenstern oder Türen. Fass keine metallenen Gegenstände wie Wasserhähne oder Herde an. Schalte Elektrogeräte wie Mixer, Bügeleisen oder Fernseher aus.

Gewitter reinigen die Luft

Wo ist das Gewitter?

Wenn ein Gewitter direkt über dir ist, siehst du den Blitz und hörst im gleichen Moment den Donner, denn Blitz und Donner entstehen gleichzeitig. Aber Licht und Schall bewegen sich unterschiedlich schnell und erreichen dich deshalb nicht gleichzeitig, wenn das Gewitter weiter entfernt ist. Das Licht bewegt sich 300.000 Kilometer pro Sekunde. Deshalb sehen wir den Blitz fast im gleichen Moment, in dem er entsteht. Der Donner braucht dagegen etwa drei Sekunden pro Kilometer. Wenn du einen Blitz siehst, fang an, die Sekunden zu zählen: und eins, und zwei, und drei ... und so weiter, bis du den Donner hörst. Wenn du die bis dahin gezählten Sekunden durch drei teilst, ist das Ergebnis die Anzahl der Kilometer, die das Gewitter noch von dir entfernt ist.

Beim Gewitter entladen sich starke Spannungen in Form von Blitzen

HAST DU SCHON GEWUSST,

dass du in einem Auto sicher vor Blitzen bist? Du darfst darin allerdings keine Metallteile anfassen, denn Metall leitet Elektrizität. Weil seine Hülle aus Metall ist, bildet ein Auto oder zum Beispiel auch ein Flugzeug einen geschlossenen Raum, in den kein äußeres elektrisches Feld – ein Blitz wäre so ein äußeres elektrisches Feld – eindringen kann. Nach diesem Prinzip funktioniert übrigens auch ein Blitzableiter, der ein Haus mit einem Drahtsystem umgibt und damit jeden Blitz in die Erde leitet. Entdeckt hat dieses Prinzip der britische Physiker und Chemiker Michael Faraday (1791–1867).

Wenn warme und kalte Luftmassen aufeinander stoßen, blitzt und donnert es

Pasterze-Gletscher im Nationalpark Hohe Tauern (Kärnten, Österreich)

Gletscher

PROBIER ES AUS!

Das kannst du allerdings nur im Winter, wenn gerade Schnee in deiner Nähe ist. Wenn nicht, hilft dir vielleicht ein Erwachsener, eine Handvoll Schnee aus dem Gefrierfach zu kratzen. Du kannst auch fein zerstoßenes Eis nehmen. Mach daraus einen Schneeball. Press ihn so fest zusammen wie du kannst und lass ihn leicht anschmelzen. Dann legst du ihn für eine Stunde ins Gefrierfach. Er wird anschließend zu purem Eis geworden sein. So funktioniert das auch bei einem Gletscher.

Gletscher sind mächtige Ströme aus Eis. Sie entstehen zum Beispiel in den Polargebieten oder in Gebirgen oberhalb der Eisgrenze und rutschen langsam talwärts. Damit sich ein Gletscher bilden kann, muss mehr Schnee fallen als abschmelzen kann. Der Schnee häuft sich auf, zum Beispiel in Gebirgsmulden, und wird in seinen unteren Schichten durch das Gewicht der darüber liegenden Schneemassen zu Eis gepresst.

Lange Gletscher-Spuren

Gletscher bewegen sich, weil sie so riesig und schwer sind und dadurch einen gewaltigen Druck erzeugen. Durch die Kraft dieses Drucks schmelzen sie von Zeit zu Zeit ein wenig ab. Dieses Schmelzwasser gefriert zwar sehr rasch wieder, aber trotzdem kommt dadurch der Gletscher ins Rutschen. Dabei gräbt er tiefe Furchen in die Erde und schiebt Tonnen von Geröll und Gesteinsbrocken vor sich her, die teilweise von der Wucht des Gletschers zu feinem Sand zermahlen werden. Die Geröllfelder, die als Spuren des Gletschers zurückbleiben, nennt man Moränen. Im **Gebirge**, in der Arktis und der Antarktis sind sie keine Seltenheit.

Gletscher an der Nordsee?

Auch Teile der Nordfriesischen Inseln bestehen aus Überresten von Gebirgsmoränen. Im Laufe von Jahrtausenden wurden sie durch Wind und Wetter fein gemahlen und mit dem Schmelzwasser der **Flüsse** immer weiter in Richtung Meer getragen. Der

Gornergletscher am Monte Rosa (Wallis, Schweiz)

Sand an der **Küste** stammt also zum Teil aus den Gebirgen.

Gletscher formen die Landschaft

Viele Bergseen sind durch Gletscher entstanden, aber auch Täler und Flüsse wurden durch sie deutlich verändert. Man könnte so einen Gletscher mit einem gewaltigen Fluss vergleichen, der in langsamstem Schneckentempo talabwärts fließt. Er entsteht meistens unterhalb von hohen Berggipfeln. Seinen Weg nach unten sucht er sich teilweise in weiten Kurven und schrammt dabei an Bergmassiven vorbei, die abbröckeln, hobelt Felsvorsprünge glatt und hinterlässt tiefe Kuhlen, in denen sich das Wasser sammelt. Daraus werden dann die Bergseen. Wenn der Gletscher abschmilzt, bilden sich Täler, wo nie welche waren, und Wasserfälle stürzen zu Tal, wo früher harmlose Bäche flossen.

Die Eiszeit lässt grüßen

Eiszeiten gab es in der Geschichte der Erde immer wieder. Allein für die vergangenen zwei Millionen Jahre können die Geologen („geo" kommt aus dem Griechischen und bedeutet „die Erde betreffend") neun Eiszeiten nachweisen. Dabei sind zwei Millionen Jahre eher ein kurzer Zeitraum, gemessen an den 4,6 Milliarden Jahren, die die Erde wahrscheinlich schon existiert. Woher die starken Temperaturschwankungen kamen, durch die große Teile der Erde unter dicken Eisschichten verschwanden, kann man nur vermuten. Die **Atmosphäre** der Erde könnte sich zum Beispiel verändert haben. Dadurch könnte zu viel Wärme ins All abgestrahlt worden und damit verloren gegangen sein.

Andere Forscher nehmen an, dass besonders starke Vulkanausbrüche Eiszeiten verursacht haben. Große Mengen von Asche in der Atmosphäre könnten die Sonnenstrahlen von der Erde ferngehalten haben. Die letzte Eiszeit liegt jedenfalls gerade mal 10.000 Jahre zurück. Damals waren große Teile des nördlichen Europa und Amerika und die Hochgebirge in Asien und Südamerika von Gletschern bedeckt.

HAST DU SCHON GEWUSST,

warum es im Freien immer leiser wird, während es schneit? Das kommt daher, dass frisch gefallene Schneeflocken zuerst sehr locker aufeinanderliegen. Dazwischen gibt es unzählige kleine Zwischenräume, in denen sich der Schall verliert, statt wie sonst zurückgeworfen zu werden.

Ihre Spuren findet man noch heute. Auch die nächste Eiszeit kommt wahrscheinlich. In 10.000 Jahren oder in 100.000 Jahren – das ist für die Erdgeschichte kein großer Unterschied.

Gletscherspalten sind faszinierende Gebilde

Tropfsteinhöhle

Höhlen sind von Gestein und Felsen umgebene Hohlräume unter der Erde oder in einem Berg. Sie sind entweder vor Millionen von Jahren entstanden, als die Berge sich bildeten, oder wurden in späteren Zeiten durch **Erosion** aus dem Stein geschliffen. Viele Höhlen wurden auch von Menschen in die Felsen geschlagen, um darin zu wohnen oder um ihre Toten in Felsengräbern zu begraben.

Natürliche Höhlen

Die meisten Höhlen sind zugleich mit den Bergen entstanden, in denen sie sich befinden. Als die **Gebirge** durch die Bewegungen der Erdplatten aufgetürmt wurden, entstanden dabei auch Hohlräume. Bei Bergen aus vulkanischem Gestein haben sich unter der Lava Luftblasen gebildet, die sich beim Abkühlen zu Höhlen verfestigt haben. Solche Höhlen kann man zum Beispiel auf der vulkanischen Insel Lanzarote vor der nordafrikanischen Westküste besichtigen. Viele Höhlen sind in den letzten 300 bis 400 Millionen Jahren nachträglich in Bergen aus Gips oder Kalk- und Sandstein durch **Erosion** entstanden. Wasser, das nach dem Regen im Boden versickert ist, hat diese Höhlen nach und nach ausgewaschen und oft kilometerlange zusammenhängende Höhlensysteme in den Stein gefressen. Zu ihnen gehören auch die Tropfsteinhöhlen.

Höhlen in Deutschland

Auch bei uns gibt es sehr viele Höhlen. Allein in Hessen und im sächsischen Elbsandsteingebirge finden sich jeweils über 400 Höhlen. Viele von ihnen können als so genannte Schauhöhlen besichtigt werden.

Menschen in Höhlen

Schon die urzeitlichen Menschen haben in natürlichen Höhlen Schutz vor Wind, Kälte und Regen gesucht. Es gibt aber auch Beispiele von Höhlen und ganzen Höhlenstädten, die unsere Vorfahren erst im Laufe der vergangenen 2000 bis 3000 Jahre in die Berge gegraben haben. Einige indianische Kulturvölker auf dem amerikanischen Kontinent lebten in solchen Höhlenstädten. Berühmt sind die Höhlen in Petra, einer uralten Stadt im heutigen Jordanien. Die Nabatäer hatten seit dem 13. Jahrhundert vor Christus in der Wüstenstadt gelebt und mehrgeschossige Grabanlagen in die Felsen gehauen, die sie mit kunstvollen Fassaden verzierten. Spuren von Höhlenmenschen finden sich auch auf der Vulkaninsel Gran Canaria. Die Insel wurde vermutlich um 500 vor Christus von nordafrikanischen Berbern besiedelt, den Guanchen. Wahrscheinlich lebten sie zunächst in natürlichen Höhlen, die sich durch Luftblasen im Lavagestein gebildet hatten. Später jedoch schlugen sie an verschiedenen Stellen im Inneren der Insel ausgedehnte Höhlendörfer in die Felsen, die heute zu den Touristenattraktionen Gran Canarias zählen. In Vorderindien und in Abu Simbel in Ägypten haben Menschen wunderschöne Tempel in natürliche Höhlen hineingebaut oder in die Felsen geschlagen.

Höhlenzeichnung in Lascaux

Höhlenkunst

Nicht nur in den Höhlen auf Gran Canaria und in der bekannten Höhle von Lascaux in Frankreich, sondern überall auf der Erde sind Felsmalereien in Höhlen erhalten geblieben. Meistens stellen sie Tiere dar, vermutlich solche, die von den frühen Bewohnern der Höhlen gejagt wurden. Oft sind auch Abbildungen von Menschen und Gottheiten in die Felsen geritzt oder mit Holzkohle und Pflanzenfarben auf die Felswände gemalt. Forscher nutzen diese alten Kunstwerke, um sich ein Bild darüber zu machen, wie die frühen und die späteren Höhlenmenschen gelebt haben.

Höhlentiere und -pflanzen

Leben braucht Licht, um zu gedeihen. Höhlen sind aber umso dunkler, je tiefer sie sind. Trotzdem wachsen in ihnen Moose und Flechten, die sich den unfreundlichen Höhlenbedingungen angepasst haben. Außerdem leben hier zum Beispiel verschiedene Krebs- und Spinnenarten, Höhlenfische und der Grottenolm. Früher hielten die Bauern diese bleichen länglichen Höhlenbewohner für junge Drachen oder Lindwürmer. Sie glaubten den alten Überlieferungen, die von Drachen erzählten, die in den unheimlichen und düsteren, feuchten Höhlen hausten. Grottenolme sehen auch wirklich ungewöhnlich aus: Der aalähnliche Körper auf vier schwächlichen Beinen ist weißlich. Man sieht das Blut durch die Haut schimmern und direkt hinter dem spitz zulaufenden Kopf sitzen zwei büschelartige Kiemen. Allerdings sind sie von Nasen- bis Schwanzspitze nur gerade mal etwa 30 Zentimeter lang.

HAST DU SCHON GEWUSST,

dass Mammoth Cave das ausgedehnteste unter den bisher erforschten Höhlensystemen der Erde ist? Es liegt im US-amerikanischen Bundesstaat Kentucky und umfasst zirka 560 Kilometer. Die nächstkleinere Höhle befindet sich in der Ukraine und kommt „nur“ auf etwa 183 Kilometer Länge.

Viele Tiere haben sich den Höhlenbedingungen angepasst

Insekten und Spinnen

Von den rund 1,5 Millionen bekannten Tierarten auf der Erde gehören etwa 950.000 zu den Insekten – also ungefähr zwei Drittel. Spinnentiere gibt es wesentlich weniger.

An der Decke laufen

Fliegen sind Insekten, die an der Decke laufen können, ohne abzustürzen. Dazu machen sie sich das Gewicht der Luft zunutze: An ihren sechs Beinen sitzen unten kleine Saugnäpfe. Wenn sie auftreten, entweicht daraus die Luft und es entsteht ein Unterdruck. Der Luftdruck um die Saugnäpfe herum ist dadurch viel größer als in den Saugnäpfen und deshalb drückt er die Füße an die Decke. Wenn die Fliegen an der Decke laufen, bewegen sie immer drei Beine auf einmal und lassen die drei übrigen erst mal „kleben".

Morsesignale mit dem Po

Glühwürmchen sind eigentlich keine Würmchen, sondern gehören zu den Leuchtkäfern. Im Juni beginnt ihre Paarungszeit. Die Weibchen haben keine Flügel. Deshalb klettern sie an Grashalmen hoch und morsen mit einem kleinen leuchtenden Organ an ihrem Hinterleib „Liebesbotschaften" in die milde Sommernacht, damit die fliegenden Männchen sie finden können.

Insektenstiche

Bisse oder Stiche unserer einheimischen Insekten sind meistens harmlos – außer du bist dagegen allergisch. Dann solltest du sofort zum Arzt gehen, denn dann kann so ein Stich schmerzhaft anschwellen. Auch wenn dich

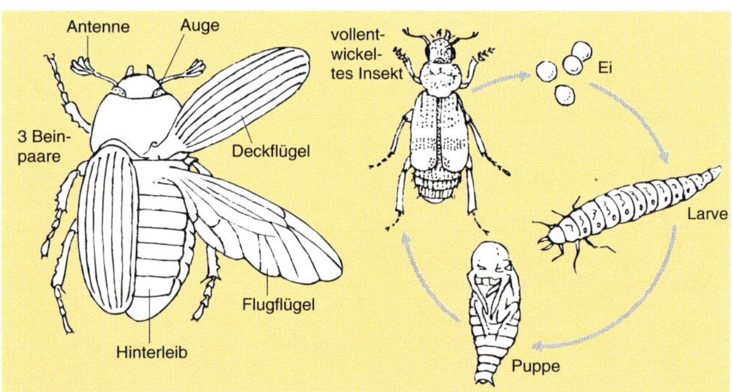

Käfer gehören zu den Insekten

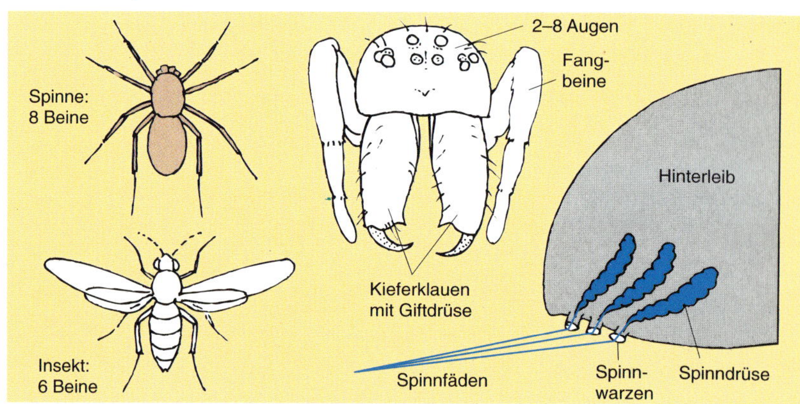

Spinnentiere unterscheiden sich von Insekten

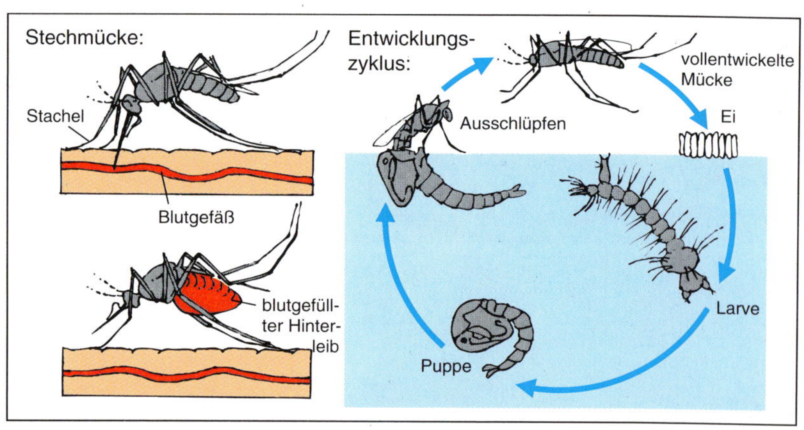

Mücken sind schlimme Blutsauger

PROBIER ES AUS!

Wir Menschen haben die gute „Idee" der Fliegen übernommen und Saugnäpfe entwickelt, die ganz ähnlich funktionieren. Zum Beispiel bei Handtuchhaken. Frag mal deine Eltern, ob es in eurer Wohnung solche Haken gibt, die mit Unterdruck an der Wand haften. So wie die relativ kleinen Saugnäpfe an den Füßen der Fliege ihr ganzes Gewicht tragen können, können auch Saugnäpfe mit Haken daran ein Vielfaches ihres eigenen Gewichts sicher halten.

Schmetterlinge bestäuben Blüten

eine Wespe in den Rachen sticht, lutsch als erste Hilfe einen Eiswürfel und sieh zu, dass du schnellstens zum Notarzt kommst. Stiche in den Mund, ins Ohr oder ins Auge musst du ebenfalls ernst nehmen. Bei allen anderen Stichen: nicht kratzen! Leg am besten einen Waschlappen auf die Stelle, der mit einer Mischung aus Wasser und Essig befeuchtet wurde, denn das wirkt abschwellend. Oder tupfe etwas Teebaumöl auf die Bissstelle.

HAST DU SCHON GEWUSST,

dass auch Skorpione zu den Spinnentieren gehören? Diese etwas unheimlichen Gesellen leben in trockenen, sehr warmen Gegenden, meistens in Wüsten oder Steppen. Sie sind so giftig, dass sie auch Menschen gefährlich werden können. Es gibt mehr als 700 verschiedene Arten.

ERSTE HILFE

Wenn dich eine Zecke gebissen hat, pack sie mit einer Pinzette oder einer Zeckenzange so nah wie möglich an der Einbissstelle und zieh sie gerade heraus. Danach die Stelle desinfizieren. Am besten gehst du sofort zu einem Arzt und lässt das Tier von ihm entfernen. Du darfst die Zecke auf keinen Fall mit einer Drehbewegung herausziehen, kein Öl auf sie träufeln, sie nicht ausbrennen oder zerquetschen – diese „Hausmittel“ aus Zeiten unserer Großmütter haben sich als grundfalsch erwiesen.

Spinne oder Insekt?

Beide sehen auf den ersten Blick ähnlich aus. Aber es sind zwei unterschiedliche Klassen von Tieren: Spinnen haben zwei deutlich unterscheidbare Körperabschnitte: Vorder- und Hinterkörper. Bei Insekten sind es drei: Kopf, Brust und Hinterleib. Spinnen haben acht Beine, Insekten sechs. Alle Insekten haben Fühler, die meisten außerdem Flügel. Spinnen haben keins von beiden. Und schließlich haben Insekten keine Spinnwarzen, die für Spinnen typisch sind.

Kunstvolle Netze

Spinnen haben am Hinterleib besondere Drüsen, die einen langen, klebrigen Faden absondern. Damit spinnen sie ihre Netze, in denen Beutetiere hoffnungslos kleben bleiben. Meistens beginnen sie mit einem einzigen Faden. Um ihn herum wird dann das eigentliche Netz gesponnen. Es gibt aber auch Spinnen, die keine Netze bauen, sondern sich einfach mit einem gewagten Sprung auf ihre Beute stürzen.

Zecken – klein, aber gefährlich

Zecken gehören zu den Spinnentieren. Sie sind klein wie ein Stecknadelkopf, aber sie können schlimme Krankheiten übertragen. Wenn du im Freien gespielt hast, dann such anschließend besser deinen Körper ab, ob du so einen kleinen Vampir findest – Zecken ernähren sich nämlich von Blut. Sie halten sich vorzugsweise im Gestrüpp an Wegrändern oder im Unterholz von Wäldern auf. Du merkst es nicht, wenn dich eine beißt, weil sie dabei ein Betäubungsmittel absondert.

Spinnennetz

PROBIER ES AUS!

Wellen verändern ständig die Inseln. Wie kommt das? Das kannst du ausprobieren. Dazu brauchst du eine tiefe, große Auflaufform, feinen Sand aus dem Sandkasten und Wasser. Häufe den Sand auf die eine Seite der Auflaufform und drücke ihn fest. Das ist deine Insel. Gieß nun so viel Wasser in die Form, dass der „Strand" deiner Insel leicht bedeckt ist. Nun schieb die Auflaufform erst langsam und dann schneller hin und her, bis Wellen entstehen, die den Sand der „Küstenlinie" allmählich verändern. So passiert es auch bei den richtigen Inseln. Wellen und Winde nehmen Sand mit und lagern ihn anderswo wieder ab, die Inseln verändern sich.

Inseln

Inseln sind Landstücke, die ringsum von Wasser umgeben sind. Sie können in **Seen**, **Flüssen** oder **Meeren** liegen. Im Folgenden geht es um Inseln in den Meeren. Sie sind auf unterschiedliche Weise entstanden. Auf manchen von ihnen leben noch heute Tier- und Pflanzenarten, die anderswo auf der Erde längst ausgestorben sind.

Kontinent-Splitter

Als sich vor vielen Millionen Jahren unsere heutigen **Kontinente** bildeten, entstanden auch einige Inseln. Die viertgrößte Insel der Erde, Madagaskar, löste sich zum Beispiel vor 180 Millionen Jahren vom Urkontinent Gondwanaland im Süden der Erde. Sie rutschte langsam in Richtung Norden und hielt schließlich vor der ostafrikanischen Küste. Auf Madagaskar hat sich eine spe-

Viele Inseln sind durch Vulkane entstanden, die unter der Wasseroberfläche wuchsen

Kreidefelsen auf der Insel Rügen

zielle Pflanzenwelt erhalten. Mehr als 1000 Orchideen- und 4200 Baumarten gibt es auf der Insel, die meisten dieser Pflanzen kommen nirgendwo sonst vor. Auch viele Tiere, wie zum Beispiel bestimmte Halbaffen (Lemuren), leben nur hier.

Vulkane

Viele Inseln sind entstanden, weil Vulkane auf dem Meeresboden heißes, feuriges Gestein ausgespuckt haben. Bei jedem Ausbruch kam eine neue Schicht hinzu, bis schließlich die Meeresoberfläche erreicht war und das erstarrte Lavagestein als Insel aus dem Wasser ragte. Die Kanarischen Inseln sind zum Beispiel auf diese Weise entstanden. Dort werden vermutlich in Zukunft noch einige weitere Inseln aus dem Meer wachsen, denn die Unterwasservulkane sind hier immer wieder mal aktiv.

Sandbänke und Korallenriffe

Manche Inseln, zum Beispiel in der Nord- und Ostsee, haben sich aus Sandbänken gebildet. An vielen Stellen in warmen Meeren sind auch Inseln von Tieren gebaut worden: von **Korallen**. Ständige **Erosion** durch **Wind**, Wellen und **Wetter** sorgt dafür, dass die Inseln ihr Gesicht immer wieder verändern – allerdings über so lange Zeiträume, dass wir Menschen diese Veränderungen kaum wahrnehmen.

Gletscherablagerungen

Die Ostseeinsel Rügen besteht im Kern aus Kreide. Sie entstand aus Überresten kalkhaltiger Kleinstlebewesen, die es auch heute noch in den Meeren gibt. Als in der letzten Eiszeit der gesamte Norden Europas von einer dicken Gletscherschicht überzogen wurde, waren diese einigermaßen festen Kreideablagerungen im Weg. Sie wurden von den Eismassen umströmt und „in die Zange genommen". Das nachschiebende Eis presste sie dann so fest zusammen, dass daraus im Laufe vieler Jahre fester Stein entstand. Daran sind dann Moränen hängen geblieben. Moränen sind Sand- und Gesteinsreste, die **Gletscher** bei ihren Wanderungen losreißen, mitschleppen und irgendwann wieder verlieren. Noch heute finden sich auf Rügen große Felsbrocken, so genannte Findlinge, die Gletscher aus Norwegen, Schweden oder Bornholm hier abgelagert haben.

Die größte Insel

Die größte Insel der Erde wäre mit fast acht Millionen Quadratkilometern Australien – aber Australien ist ein Kontinent und wird deshalb nicht als Insel gezählt. Also ist Grönland die größte Insel. Sie ist ungefähr sechsmal so groß wie ganz Deutschland, aber in Deutschland leben über 120-mal so viele Menschen. Kein Wunder: Grönland liegt in der Arktis, und seine durchschnittliche Jahrestemperatur beträgt -7 °C. Im Juli steigt das Thermometer immerhin auf +7 °C, aber so richtig warm ist das auch nicht. Der größte Teil der Insel ist von einem kilometerdicken Eispanzer bedeckt. Diese eisige Insel ausgerechnet „Grönland" – also „Grünes Land" – zu nennen ist schon keck. Der norwegische Wikinger Erik der Rote gab zu, dass er den Namen im Jahr 982 erfunden hat, um Siedler auf die Insel zu locken. Die heutigen Grönländer hat man früher Eskimos genannt. Sie selbst nennen sich Kalaallit, das heißt Menschen, und Grönland heißt in ihrer Sprache Kalaallit Nunaat, „Land der Menschen".

Insel

Jahreszeiten

Die Erde dreht sich innerhalb von 24 Stunden einmal um sich selbst und innerhalb von 365 Tagen einmal um die Sonne. Die Jahreszeiten entstehen, weil ihre Position dabei nicht senkrecht, sondern leicht zur Seite geneigt ist. Das kannst du an jedem Globus sehen. Dadurch ist immer entweder die nördliche oder die südliche Halbkugel etwas näher an der Sonne. Auf der Seite, die weiter von der Sonne entfernt ist, fallen die Sonnenstrahlen flacher auf die Erdoberfläche und haben deshalb weniger Kraft. Das ist der Grund, warum es auf dieser Hälfte kälter und auch länger dunkel ist. Wenn die Erde nach einem halben Jahr auf der anderen Seite der Sonne ankommt, ist ihre andere Halbkugel näher an der Sonne. Als so genannte Übergangszeiten liegen Frühling und Herbst zwischen den Hauptjahreszeiten Sommer und Winter.

Vier Jahreszeiten ...

Auf der nördlichen Halbkugel der Erde kennen wir vier Jahreszeiten. Frühling, Sommer, Herbst und Winter. Im Frühling und Herbst bekommen beide Erdhalbkugeln ungefähr gleich viel Sonne ab. Diese Jahreszeiten beginnen mit den so genannten Tag-und-Nacht-Gleichen. Das ist im Frühjahr der 21. März (in Schaltjahren der 20. März) und im Herbst der 21. oder 22. September. An diesen Tagen sind Tag und Nacht überall auf der Erde fast gleich lang, denn da verläuft die Trennungslinie zwischen Helligkeit und Dunkelheit auf der Erde gleichzeitig durch den Nordpol und durch den Südpol. Der 21. Juni ist auf der nördlichen Halbkugel der Tag der Sommersonnenwende. Das ist bei uns der längste Tag und gleichzeitig die kürzeste Nacht im Jahr und an diesem Tag beginnt bei uns der Sommer. Der Gegenpol dazu ist der Tag der Wintersonnenwende am 21. Dezember. Es ist der kürzeste Tag und die längste Nacht – und der Winter beginnt.

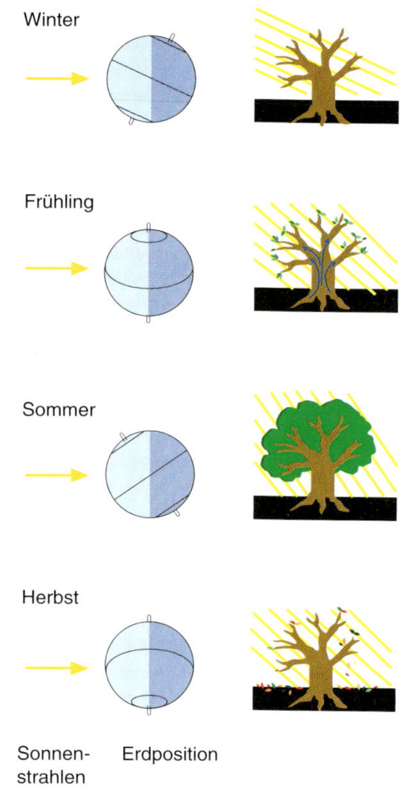

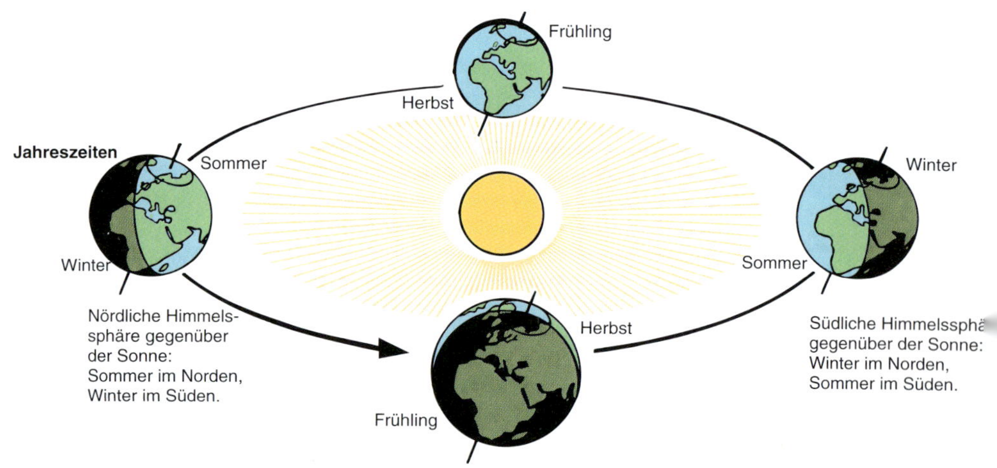

PROBIER ES AUS!

Die Temperatur und damit die Jahreszeiten sind davon abhängig, in welchem Winkel die Sonnenstrahlen auf die Erde treffen. Das kannst du beweisen. Male zwei Marmeladenglasdeckel schwarz an. Dann legst du einen von ihnen im Sommer genau um 12 Uhr mittags in die pralle Sonne. Ihr Licht trifft den Deckel nun genau senkrecht von oben. Den anderen Deckel stellst du etwas schräg, so dass die Sonnenstrahlen ihn in einem flacheren Winkel treffen. Warte zehn Minuten und fass beide Deckel an. Der erste wird heißer sein. Ebenso ist das mit der Erde: Wo die Sonnenstrahlen senkrecht auftreffen, ist es am heißesten.

... aber eigentlich sind es sieben Jahreszeiten

Was für uns auf der nördlichen Erdhalbkugel ganz normal scheint, ist es in anderen Gegenden der Erde noch lange nicht. In vielen südlichen Ländern der Erde

Winter- ...

orientieren sich die Menschen nicht etwa an Frühling, Sommer, Herbst und Winter, sondern es gibt nur zwei Jahreszeiten: die Regenzeit, in der es nicht mehr zu regnen aufhören will, und die Trockenzeit, in der es fast gar keinen Niederschlag gibt und die Menschen froh sein können, wenn nicht alles verdorrt. Als siebte Jahreszeit kann in bestimmten Regionen auch noch die Zeit der Stürme bezeichnet werden, die manchmal wahre **Naturkatastrophen** auslösen können.

PROBIER ES AUS!

Wenn es bei dir Zuhause ein Zimmer mit Südfenster gibt, in dem nicht so viele Möbel stehen, kannst du ausprobieren, ob die Sonne in jeder Jahreszeit gleich steht. Dazu schneidest du in ein Stück schwarzer Fotopappe ein kleines Loch von etwa drei Zentimetern Durchmesser. Dieses Pappstück klebst du ans Fenster. Ein Sonnenstrahl wird wie ein Spot auf der Bühne durch das kleine Loch auf den Boden fallen. Markiere die Stelle, wo er auftrifft, mit einem Stück Krepp-Klebeband, auf das du Datum und Uhrzeit schreibst. Und nun beobachte den Sonnenstrahl. Einmal im Monat immer zur gleichen Uhrzeit schaust du nach, wo er steht, und markierst die Stelle wie beim ersten Mal. Du wirst sehen, dass der Sonnenstrahl jeden Monat ein wenig weiter gewandert ist.

... und Frühlingslandschaft

Klimazonen

Beim **Wetter** kann man überall eine gewisse Regelmäßigkeit beobachten. Man weiß ungefähr, wie warm oder kalt es in einer Gegend der Erde durchschnittlich wird, wie viel es dort etwa regnet oder mit welchen Windstärken man grundsätzlich rechnen muss. Diese durchschnittlichen Wetterbedingungen nennt man Klima. Wenn auch das Wetter täglich wechseln kann, das Klima verändert sich höchstens im Verlauf vieler Jahre.

Sehr kalt: polares Klima

Die beiden Pole der Erde – die Arktis im Norden und die Antarktis im Süden – sind immer kalt. Denn sie sind an den Enden der Erdachse am weitesten von der Sonne entfernt. Die Sonnenstrahlen müssen einen viel weiteren Weg zurücklegen, ehe sie die Erde erwärmen können, als an anderen Stellen der Erde. Sie treffen in einem schrägen Winkel auf. Beides nimmt ihnen so viel von ihrer Kraft, dass es nicht richtig warm werden kann. Trotzdem überleben auch an den Polen Menschen, Tiere und Pflanzen, die sich diesem kalten Klima angepasst haben. Die **Polarregionen** beeinflussen das gesamte Weltklima, weil sie wie riesige Eiswürfel ständig die Luft und das Wasser kühlen. Außerdem reflektieren die Eismassen die Sonnenstrahlen und verhindern damit, dass sich die Erde zu sehr aufheizt.

Tropischer Regenwald am Äquator

Am Nord- und am Südpol der Erde ist es immer am kältesten

Sehr angenehm: gemäßigtes Klima

Wir haben das Glück, in einem gemäßigten Klima zu leben. Denn wir sind so weit von den Polen entfernt, dass es bei uns im Winter nicht richtig kalt wird. Und weit genug vom Äquator, dass es im Sommer nicht allzu heiß wird. Das hat auch Auswirkungen auf die Sicherheit der Ernten. Es passiert sehr selten, dass im Sommer das Getreide auf den Feldern verdorrt, wie in südlicheren Ländern, dass es verfault, wie in Gegenden mit zu viel Regen, oder dass es erfriert.

Unsere Lebensbedingungen sind also von Natur aus erfreulich gut und viele Menschen, Tierarten und Pflanzenformen gedeihen prächtig in diesem gemäßigten Klima.

Sehr trocken: Wüstenklima

Die heißen **Wüsten**regionen der Erde liegen zwischen der gemäßigten und der tropischen Klimazone. Hier regnet es so gut wie nie und wenn doch, dann gibt es keine **Vegetation**, die dieses Wasser festhalten könnte. Es fließt also schnell wieder ab und sammelt sich höchstens in unterirdischen Quellen oder in den wenigen Oasen. Trotzdem leben auch in Trockenwüsten nicht nur Skorpione und Kamele, sondern viele weitere **Säugetiere** und **Insekten** und außer Kakteen und Agaven auch einige genügsame Pflanzenarten. Allerdings ist jetzt schon etwa ein Drittel der gesamten Landfläche auf der Erde Wüste und ihr Anteil wächst. Damit wächst auch der Einfluss dieser trockenen Regionen auf die Trinkwasserreserven der Erde und auf das Weltklima.

Sehr feucht: tropisches Klima

Rund um den **Äquator** wuchern riesige tropische Regenwälder. Diese Region ist der Sonne am nächsten, deshalb ist es hier das ganze Jahr über warm und sonnig. Es regnet fast jeden Tag. Der Boden ist durchwebt von Millionen von Wurzeln und saugt diesen Regen auf wie ein riesiger Schwamm. Überschüssige Feuchtigkeit geben die Millionen Pflanzen über ihre Blätter an die Luft ab. Daraus bilden sich Wolken, die nach Norden ziehen und oft erst in weit entfernten Regionen abregnen. So tragen die tropischen Klimazonen zum Weltklima bei. Allerdings schrumpfen die Regenwälder: Vor 1000 Jahren bedeckten sie noch 13 Prozent der Landfläche auf der Erde. Heute sind mehr als die Hälfte dieser Bäume verbrannt oder gefällt. Das steigert den Anteil von Kohlendioxid in der Luft und verstärkt den **Treibhauseffekt**.

Der Wettermacher Mensch

Früher beeinflussten im Wesentlichen die Klimazonen das Wetter auf unserem Planeten. Heute ist es zunehmend auch der Mensch. Er zerstört Wälder, um Holz und Weideland zu gewinnen. Damit sägt er buchstäblich den Ast ab, auf dem er sitzt. Denn die Folge ist, dass der Boden kein Wasser mehr speichert und austrocknet und die Verwüstung der Erde zunimmt. Bei all den Abgasen durch Autos, Flugzeuge und Fabriken bräuchten wir nämlich eher mehr als weniger **Bäume**, die Unmengen Dreck wieder aus der Luft herausfiltern. Dazu kommt, dass wir unseren wichtigsten natürlichen Sonnenschutz, die **Ozonschicht**, immer mehr zerstören. All das trägt dazu bei, dass das Klima sich verändert und unsere Erde irgendwann nicht mehr bewohnbar sein könnte. Allerdings gibt es Hoffnung: Was wir zerstört haben, können wir auch wieder aufbauen. Noch.

Trotz der niedrigen Temperaturen haben sich in den kalten Regionen Tiere angesiedelt

Kontinente

Als Kontinente werden die Erdteile bezeichnet, große zusammenhängende Flächen, zu denen auch **Inseln** gehören. Es gibt sechs Kontinente auf der Erde: Europa – das ist unser Kontinent. Er schließt an Asien an und liegt nördlich von Afrika. Westlich von Europa liegt Amerika. Zwischen Amerika und Asien liegt der Inselkontinent Australien. Der sechste Kontinent ist die Antarktis, also der Südpol. Die Arktis, den Nordpol, teilen sich die angrenzenden Kontinente Amerika, Europa und Asien.

Vor ungefähr 220 Millionen Jahren haben sich die einzelnen Kontinente gebildet

Pangäa – der Urkontinent

Bis vor ungefähr 220 Millionen Jahren hing alles Land auf der Erde zusammen und bildete einen einzigen großen Kontinent. Der deutsche Wissenschaftler Alfred Lothar Wegener (1880–1930) fand das heraus und hat diesem Urkontinent den Namen Pangäa gegeben. Das ist ein griechisches Wort und bedeutet „alles Land". Auch zu Zeiten Pangäas war die Erde so ähnlich aufgebaut wie heute: in der Mitte ein heißer, eisenhaltiger Kern und drum herum flüssiges Gestein. Darauf schwammen große Platten aus erstarrtem, festem Gestein, die Kontinentalplatten. Diese gerieten so heftig in Bewegung, dass Pangäa vor 200 Millionen Jahren in zwei Teile auseinanderbrach. Laurasia driftete nach Norden ab. Daraus entstanden im Laufe der nachfolgenden Jahrmillionen Europa, Asien und Nordamerika. Aus Gondwana im Süden wurden Afrika, Indien, Südamerika und die Antarktis.

Die Kontinente bewegen sich weiter

Wo einst Pangäa lag, ist inzwischen Afrika. Dort ist noch heute der Erdmantel besonders heiß und wird durch diese Hitze nach oben gedrückt. Deshalb liegt Afrika auch einige Meter höher als die übrigen Kontinente. Aber auch die Kontinentalplatten sind nicht mehr zur Ruhe gekommen, seit Pangäa begann, auseinander zu driften. Diese Bewegung nennt man Kontinentaldrift und sie dauert bis heute an. Europa bewegt sich nach Osten, Amerika nach Westen. Jedes Jahr rücken sie etwa zwei Zentimeter weiter auseinander. Australien bewegt sich ständig in Richtung Norden und kommt immer näher an Asien heran. Auch Afrika rutscht nordwärts, wodurch das Mittelmeer immer kleiner wird. All das passiert aber so langsam, dass nur die Forscher mit ihren sehr genauen Messinstrumenten es überhaupt wahrnehmen können. Sie vermuten, dass sich die Erde auf diese Weise in 50 Millionen Jahren ziemlich verändert haben wird. Aber das erleben wir alle nicht mehr und auch unsere Kinder und Enkel nicht.

Die Erdkruste

Das Festland unserer Kontinente ist die oberste Schicht der Erdkruste. Sie besteht aus den Kontinentalplatten. Die oberste Schicht dieser Platten ist unter den Kontinenten bis zu 50 Kilometer und auf dem Grund der Ozeane nur fünf bis sieben Kilometer dick.

Wie der Himalaja entstand

An den Rändern der Kontinente haben sich oft große **Gebirge** „aufgefaltet", wenn die Kontinentalplatten bei der Bildung der Kontinente aneinander stießen. Das heutige Indien zum Beispiel war nach dem Auseinanderbrechen von Pangäa erst mal ein Teil des Urkontinents Gondwana. Dort spaltete es sich vor vielen Millionen von Jahren ab und bewegte sich Zentimeter um Zentimeter nach Norden. Irgendwann stieß es an die eurasische Platte und verankerte sich dort. Das alles passierte äußerst langsam. Und doch war die Wucht dieses Zusammenstoßes so groß, dass sich riesige Gesteinsmassen zusammenschoben und daraus der Himalaja entstand. Noch heute herrscht an den Rändern der Kontinentalplatten viel Bewegung. An diesen Stellen finden sich aktive **Vulkane** und dort werden auch die meisten und stärksten **Erdbeben** gemessen.

HAST DU SCHON GEWUSST,

dass in Kalifornien zwei große Kontinentalplatten aufeinander stoßen? Hier verläuft eine Grenze zwischen der Pazifischen und der Nordamerikanischen Platte und zwar genau zwischen der Halbinsel von San Francisco und dem Festland. Deshalb ist San Francisco besonders gefährdet: Hier gab es schon einige schwere Erdbeben. Beim bisher schlimmsten am 18. April 1906 kamen viele hundert Menschen ums Leben. Die beiden Platten haben sich in den letzten 140 Millionen Jahren um etwa 560 Kilometer gegeneinander verschoben. Forscher rechnen mit weiteren großen Beben in diesem Gebiet, denn sie vermuten, dass sich die Platten in der gleichen Richtung wie bisher weiterbewegen werden. Dann wird die heutige Halbinsel mit Los Angeles in 50 Millionen Jahren eine Insel vor der kanadischen Westküste sein.

Der Mount Everest im Himalaja ist der höchste Berg der Welt

Korallenriffe

In der Umgebung von Korallenriffen leben viele Tiere

Sie sehen aus wie farbenprächtige Pflanzen in den schönsten und verschiedenartigsten Formen. Aber Korallen sind winzige Polypen. Millionen von ihnen bauen über viele tausend Jahre Zentimeter um Zentimeter riesige Korallenriffe in den Meeren und schaffen damit einzigartige Ökosysteme.

Korallen sind keine Blumen

Korallen gehören zwar zu den so genannten Blumentieren, aber was da wie Blumen aussieht, sind unzählige winzige Polypen, die sich vermehren, indem sie Eier aussetzen. Die Larven schwimmen später tage- oder wochenlang im Plankton, ehe sie sich am Boden festsetzen und neue Kolonien bilden. Dort wachsen sie pro Jahr etwa zwei Zentimeter. Korallen leben nur im Meer und haben ein Skelett aus Kalk. In den warmen Meeren der Tropen, hauptsächlich im Pazifischen Ozean, findet man die Pazifikkorallen. Sie bleiben zeitlebens an ein und demselben Ort. Dort suchen sie einen festen Untergrund und „kleben" sich daran fest, indem sie über ihre Fußscheiben Kalk und Horn absondern. Wenn eine Koralle stirbt, setzt sich auf ihrem Kalkskelett und dieser festen Kalk- und Hornschicht die nächste fest und so weiter. So entstehen im Laufe vieler, vieler Jahre große, bizarre Riffe.

HAST DU SCHON GEWUSST,

wie wichtig Korallenriffe für die Umwelt sind? Sie sorgen dafür, dass der fruchtbare Sand am Meeresgrund von den Wellen nicht weggespült wird, und schützen die **Küsten** vor **Erosion**. Außerdem bieten sie unzähligen Meeresbewohnern Schutz, Wohnraum und Nahrung.

Fische suchen gerne Schutz in Korallenriffen

Barrieren und Atolle

Es gibt Korallenriffe in zwei Formen: langgezogene Barrierenriffe und runde Atolle. Das größte

Korallen sehen wie farbenprächtige Pflanzen aus

lebende Barrierenriff ist das Great Barrier Reef vor Australien. Es ist etwa 2000 Kilometer lang und in der Fläche mehr als halb so groß wie Deutschland. Das Great Barrier Reef steht unter Naturschutz, denn es ist der Lebensraum für 450 verschiedene Korallen-, 1500 Fisch-, sechs Schildkröten- und 24 Vogelarten. Wenn sich Korallenkolonien um einen Untersee-Vulkan herum festsetzen, entstehen die kreisförmigen Atolle.

Tiefseekorallen

Vor ungefähr 34 Millionen Jahren haben sich neben den Pazifikkorallen auch Tiefsee- oder Kaltwasserkorallen entwickelt. Forscher haben sie erst vor wenigen Jahren entdeckt. Sie leben in Meerestiefen zwischen 40 und 6300 Metern, auch in den eisigen Nordmeeren. So tief dringt kein Sonnenstrahl. Es ist eine Region ewiger Dunkelheit. Trotzdem leuchtet zum Beispiel auch das Sula-Riff vor Norwegen in den herrlichsten Farben – wenn einmal genügend künstliches Licht bis hierhin vordringt, um diese Schönheit überhaupt zu sehen. Dazu braucht man schon starke Scheinwerfer und ein stabiles U-Boot, denn der Wasserdruck in dieser Tiefe ist enorm. Weil hier das Nahrungsangebot sehr groß ist, leben viele Fische rund um das Sula-Riff. Die norwegischen Fischer wissen das und kommen ebenfalls. Mit riesigen Schleppnetzen. Diese Netze wiegen viele Tonnen und hinterlassen tiefe Spuren der Zerstörung im Riff.

HAST DU SCHON GEWUSST,

dass Korallen Fleischfresser sind? Sie ernähren sich von tierischem Plankton. Das sind mikroskopisch kleine Krebse und Würmer, die in riesigen Mengen in den Meeren vorkommen.

HAST DU SCHON GEWUSST,

dass auch Schwämme in Nachbarschaft der Tiefseekorallen leben? Sie können in polaren Gewässern bis zu zwei Meter groß und bis zu 10.000 Jahre alt werden – älter als jedes andere Lebewesen.

Bedrohte Paradiese

Korallenriffe sind sensible Ökosysteme. In den Südsee-Korallenriffen und ihrer Umgebung leben viele leuchtend bunte Fische, Quallen, Rochen, Krebse, Seesterne, Seepferdchen oder die gefährlich aussehenden Muränen. Das lockt Menschen an, die hier tauchen und schnorcheln und damit das Gleichgewicht und die Ruhe dieser Unterwasserwelt empfindlich stören. In den Nordmeeren bedrohen hauptsächlich Fischer mit Schleppnetzen die Tiefseekorallen. Auch **Erdöl**- und Erdgasbohrstationen in ihrer Nähe können ihnen gefährlich werden, weil sie die Meere verschmutzen.

Tiefsee-Stationen

Forscher aus aller Welt wollen mehr über das Leben in den Tiefsee-Korallenriffs erfahren. Es ist deshalb geplant, direkt neben den Korallenriffen am Meeresgrund Forschungsstationen einzurichten. Dort sollen Wissenschaftler längere Zeit bleiben, um die Korallen und die Tiere in ihrer Umgebung genauer zu erforschen – ähnlich den Weltraumforschern, die monatelang in Satelliten um die Erde kreisen, um mehr über den Weltraum herauszufinden.

Manche Küsten sind steil und felsig, andere flach und sandig

Küsten sind die Grenzlinien zwischen **Meer** und Land. Alle Küsten auf der Erde sind zusammengenommen ungefähr eine Million Kilometer lang. Auf dem Globus sehen sie aus wie eine Linie – aber Küsten sind sehr unterschiedlich. Manche sind flach und sandig, andere steil und felsig. Ebbe und Flut, die Brandung oder dicke Eisschichten beeinflussen die Küsten, aber auch die Pflanzen und Tiere, die dort leben. Denn Küsten sind überall auf der Erde auch vielseitige Lebensräume oder Ökosysteme.

Weicher Untergrund: das Watt

In Europa gibt es außer in Deutschland auch in den Niederlanden und Dänemark Wattküsten. Überall, wo der Meeresspiegel in Ebbe und Flut um mehr als einen Meter steigt und fällt, bildet sich an flachen Küsten ein breiter Korridor, der für mehrere Stunden überflutet und anschließend etwa ebenso lange fast trocken ist, das so genannte Watt. Jedes Mal bringt die Flut Sand, feinste Gesteinspartikelchen, Plankton und Nährstoffe mit. Dadurch kann an den Wattküsten eine große Anzahl äußerst unterschiedlicher Lebensformen existieren. 2500 Tier- und Pflanzenarten leben in den europäischen Wattregionen, zeitweise außerdem zehn bis zwölf Millionen **Vögel**. Möwen und Strandläufer, Seehunde und Großkrebse, verschiedene Muschelarten, Würmer, Fische und Algen sind hier Zuhause.

Mangroven sind natürliche Salzfilter

In den Tropen haben sich an den Wattküsten ganz eigene Ökosysteme gebildet: die Mangrovensümpfe. Mangroven sind bis zu 30 Meter hohe **Bäume** und Sträucher aus verschiedenen Pflanzenfamilien. Es gibt etwa 70 Arten, die es gelernt haben, im Salzwasser der Küsten und im brackigen Wasser von Flussmündungen zu überleben. Ihre Wurzeln filtern das Salz aus dem Wasser, ehe sie es in die Pflanzen leiten. Auch in Mangrovensümpfen sinkt und steigt der Meeresspiegel mit Ebbe und Flut. Die Bäume und Büsche halten die Erde fest und verhindern damit eine übermäßige **Erosion**. Zwischen ihren Wurzeln leben unzählige Fische, Krabben und Muscheln, in ihren Baumkronen nisten Reiher, Kormorane, Eisvögel, Ibisse und viele mehr.

Küstenlandschaft

Das Ökosystem an den Küsten bietet vielen Tieren Schutz

Felsen in der Brandung

An felsigen Küsten wirkt das Meer viel gewaltiger und gewalttätiger als an Sandstränden. Denn hier donnern die Wellen meist mit ziemlicher Wucht gegen die Felsen. Das erfordert von den Tieren und Pflanzen, die hier leben, besondere Anstrengungen. Dazu kommt auch hier der Wechsel von Ebbe und Flut. Im Watt können sich Meerestiere in den weichen Sand eingraben, um sich während der Ebbe vor der Sonne zu schützen. In den Felsen geht das nicht. Hier können sie sich höchstens in Felsspalten verstecken oder in den kleinen Salzwassertümpeln, die beim Rückzug des Wassers zurückbleiben. In diesen Tümpeln steigt allerdings der Salzgehalt massiv an, während ein Teil des Wassers in der Sonne verdunstet. Insgesamt leben trotzdem an den Felsenküsten etwa tausend verschiedene Tier- und Pflanzenarten. Besonders gut haben sich einzelne Muschelarten angepasst, besonders die Miesmuscheln, die sich auf dem felsigen Untergrund festsetzen.

Sauerstoff aus dem Meer

Auch im Meer ist Leben nur mit Sauerstoff möglich. Ebenso wie an Land erzeugen ihn die Pflanzen am Meeresrand mit Hilfe der **Fotosynthese**. Wasserpflanzen wie Seetang, Algen oder pflanzliches Plankton geben den Sauerstoff allerdings nicht an die Luft ab, sondern ins Wasser. Denn die Lebewesen – **Fische**, Krebse, Quallen usw. – des Meeres atmen ebenfalls Sauerstoff, allerdings nicht mit Lungen, sondern durch Kiemen, aber im Prinzip so ähnlich wie die Tiere an Land. In Küstennähe gedeihen regelrechte Algen- und Tangwälder. Auch in kühlen und in eiskalten Meeren wachsen viele Arten von ihnen. Ohne diese Sauerstoffproduzenten ist Leben in den Meeren nicht möglich.

HAST DU SCHON GEWUSST,

dass auch Seegras zu den Blütenpflanzen gehört? In Küstennähe und auch tiefer in den Meeren sind heute ungefähr 45 Seegrasarten bekannt. Die meisten von ihnen erzeugen Blüten. Viele kleine Tierarten ernähren sich von Seegras. Meist leben sie auch auf den Gräsern. Damit sind Seegras-„Wiesen" beliebte Nahrungsquellen für viele Meeresbewohner. Wie wichtig sie sind, wurde klar, als vor etwa 70 Jahren eine ansteckende Pflanzenkrankheit viele Seegräser zerstörte. In der betroffenen Region sank schlagartig auch die Zahl der Krabben und vieler Fischarten.

Pflanzen und Büsche verhindern übermäßige Erosion

Meere

Die Meere sind für die Erde besonders wichtig. Zum einen sind sie der Lebensraum für viele **Fische** und **Säugetiere**, aber auch für das Plankton, dessen winzige Algen den größten Teil des Sauerstoffs der Erde liefern. Zum anderen spielen sie eine wichtige Rolle im **Wasserkreislauf** und beim **Wetter**.

Die sieben Weltmeere?

Früher haben die Seefahrer von den „sieben Weltmeeren" gesprochen. Damit meinten sie den Nordatlantik und den Südatlantik, den Nord- und den Südpazifik, den Indischen Ozean, das Nord- und das Südpolarmeer. Heute unterscheidet man drei große zusammenhängende Ozeane. Der größte ist der Pazifische (oder Stille) Ozean, auch Pazifik genannt. Der Atlantische Ozean (Atlantik) ist nur etwa halb so groß und der Indische Ozean ist noch kleiner. Meere nennt man kleinere Wassergebiete, die oft durch Inselketten oder Landteile von den Ozeanen getrennt sind. Eins davon ist das Mittelmeer, das zwischen den Kontinenten Europa und Afrika liegt, ein anderes die Nordsee am nördlichen Rand Europas. Man kann auf den Meeren und Ozeanen die ganze Erde umrunden, ohne dabei sein Schiff zu verlassen. Denn sie bedecken mehr als zwei Drittel der Erdoberfläche und umspülen alle **Kontinente**.

In den Meeren gibt es farbenprächtige Unterwasserwelten

Die Heimat der Winde

An den Meeren ist es immer besonders windig, und das ist kein Wunder: Hier werden die **Winde** nämlich geboren. Denn das Land erwärmt sich durch die Sonne schneller als das Wasser. Die erwärmte Luft steigt nach oben, und die kühlere Luft vom Meer strömt in das entstandene „Luftloch": der Wind.

Unterwasserlandschaften

Der Meeresgrund liegt im Schnitt drei bis vier Kilometer unter der Wasseroberfläche. Viel zu tief zum Tauchen. Deshalb weiß man auch nicht sehr viel darüber. Messungen haben allerdings gezeigt, dass der Meeresgrund überwiegend aus gewaltigen Ebenen besteht, die gelegentlich von Bergen und Tälern durchzogen sind. Tiefseegräben können zehn Kilometer tief sein.

HAST DU SCHON GEWUSST,

dass ein Liter Meerwasser ungefähr zwei Esslöffel Salz enthält? Denn der durchschnittliche Salzgehalt der Meere liegt bei 3,5 Prozent, das sind 35 Gramm Salz pro Liter. Salz ist im Gestein am Boden der Meere enthalten. Auch die Flüsse waschen auf ihrem Weg in die Meere Salze aus dem Gestein, das sie durchfließen. Bereits seit Jahrmillionen. Außerdem tragen Vulkane am Boden der Meere zum Salzgehalt bei. Durch die intensive Sonneneinstrahlung verdunsten große Wassermengen aus den Meeren. Weil das Salz nicht mit verdunsten kann, reichert es sich im Meerwasser an.

PROBIER ES AUS!

Erde erwärmt sich schneller als Wasser? Probier es aus. Du brauchst dazu zwei gleich große, leere Jogurtbecher und ein Raumthermometer. Fülle einen Becher zur Hälfte mit Erde, den anderen mit ebenso viel Leitungswasser. Stell beide Becher zehn Minuten in den Kühlschrank und anschließend eine Viertelstunde in die Sonne. Dann miss die Temperatur mit dem Thermometer. Die Erde ist wärmer. Allerdings nur an der Oberfläche. Wenn du an einem heißen Sandstrand ein Loch gräbst, wirst du merken, dass die unteren Schichten kühl sind.

Seeanemonen sind bunt

Auch Unterseevulkane sind keine Seltenheit. Die **Inseln** und Inselketten, die wir kennen, sind nichts anderes als die Spitzen riesiger Unterseeberge. Manche sind über lange Zeiträume durch immer wiederkehrende Unterseevulkan-Ausbrüche entstanden, zum Beispiel die Kanarischen Inseln vor der afrikanischen Nordwestküste. An manchen Stellen haben sich **Korallenriffe** gebildet, Lebensräume für die faszinierenden und farbenreichen Tiere und Pflanzen der Unterwasserwelt.

Unheimliche Wesen der Tiefsee

In die Tiefsee strahlt kein Sonnenlicht hinab. Deshalb gedeihen hier auch keine Pflanzen. Ab 300 Metern Tiefe beginnt das Reich der ewigen Finsternis. Nur noch schwache Lichtfetzen dringen bis hierher vor. Unterhalb von 1000 Metern ist es stockdunkel. Aber auch hier gibt es Leben: Außergewöhnlich anmutende Wesen mit riesigen Augen oder langen, haarfeinen Tastantennen. Nie wird es hier wärmer als 4 °C. Durch den immensen Wasserdruck lastet auf jedem Quadratzentimeter bis zu einer Tonne Gewicht. Die Tiere werden nur deshalb nicht zerquetscht, weil ihre wabbeligen Körper selbst überwiegend aus Wasser bestehen. Immer wieder entdecken Forscher bislang unbekannte Tiere in den Tiefen.

Die Meere sind der Lebensraum für viele Pflanzen und Tiere

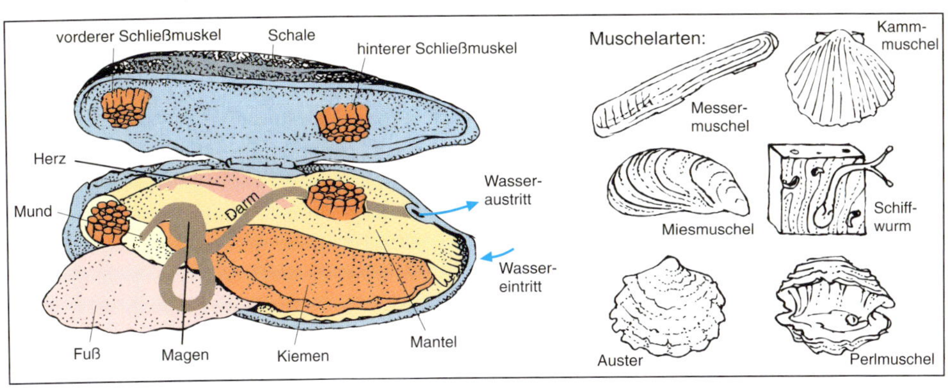

Es gibt Muscheln in vielen Formen und Farben

Menschen

Der Mensch stammt nicht, wie man manchmal hört, vom Affen ab. Aber Menschen und Affen haben gemeinsame Vorfahren. Deshalb stimmen unsere Gene zu 98,4 Prozent mit denen eines Schimpansen überein. Nur die letzten 1,6 Prozent geben uns den Vorsprung vor unseren behaarten Verwandten.

Wir kommen aus Afrika

Unsere ältesten Vorfahren waren die so genannten grazilen Australopithecine. Sie lebten vor 4,2 bis zwei Millionen Jahren in Südafrika und ernährten sich hauptsächlich von Früchten. Der Nächste in der **Evolution** des Menschen war vor 2,1 bis 1,5 Millionen Jahren der Homo habilis. Er lebte zwischen Südafrika und dem heutigen Äthiopien und stellte vor etwa zwei Millionen Jahren die ersten Steinwerkzeuge her. Homo habilis jagte vermutlich nicht selbst, sondern aß die Beutetiere von Hyänen. Seine größten Feinde waren die Säbelzahntiger. Der nächste in der Reihe unserer Vorfahren war der Homo erectus. Er kam aus Ostafrika und wanderte später bis nach China und Indonesien. Homo erectus entdeckte vermutlich das Feuer, hatte schon eine einfache Sprache und erfand kompliziertere Werkzeuge. Daraus entwickelte sich schließlich der moderne Mensch, Homo sapiens. Unsere Vorfahren vor etwa 150.000 Jahren sahen schon ziemlich ähnlich aus wie wir heute und tauchten erstmals in Afrika auf. Von dort wanderten sie erst in den heutigen nahen Osten und von dort in alle Gegenden der Erde. Während der letzten 150.000 Jahre lernten sie viel dazu und wurden zu dem, was wir Menschen heute sind: sehr unterschiedlich und doch sehr ähnlich auf der ganzen Erde.

Höchstens Nachbarn: die Neandertaler

Erste fossile Überreste dieser Urmenschen wurden im Neandertal bei Wuppertal gefunden. Sie sind nicht mit uns verwandt, aber unsere Vorfahren kannten sie. Neandertaler lebten in Höhlen in Südeuropa und Vorderasien und offenbar auch bei uns.

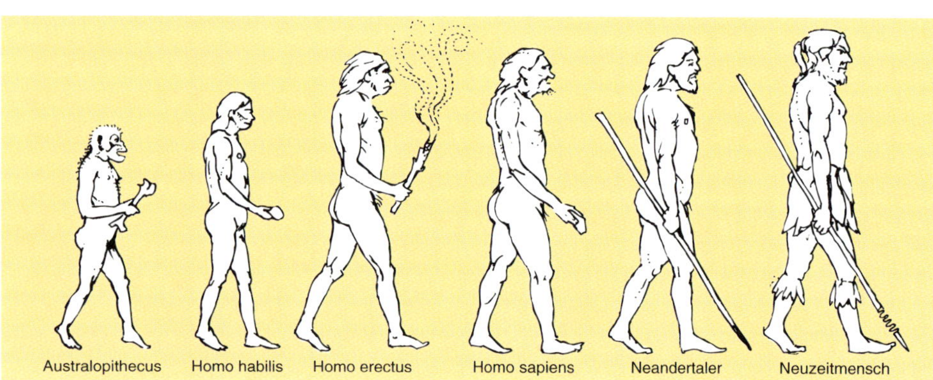

Menschliche Entwicklung

Australopithecus

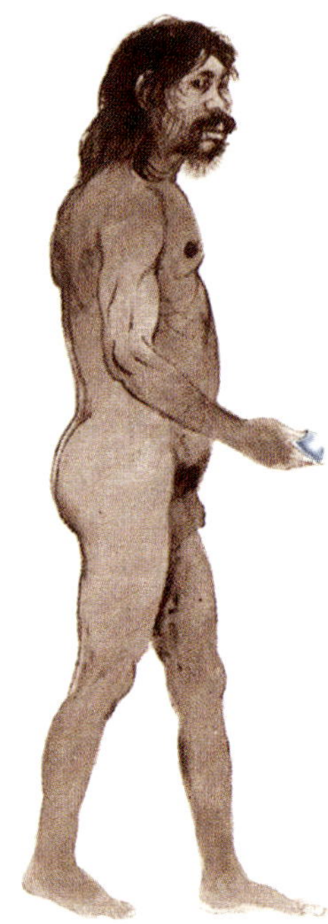

Homo habilis

HAST DU SCHON GEWUSST,

dass die Gene von Mensch und Schwein zu 90 Prozent übereinstimmen? Und die Gene von Mensch und Taufliege immerhin noch zu 60 Prozent? Wir sind also offenbar mit allen Wesen in der Natur irgendwie verwandt und sollten deshalb freundlich zu ihnen sein.

Homo erectus

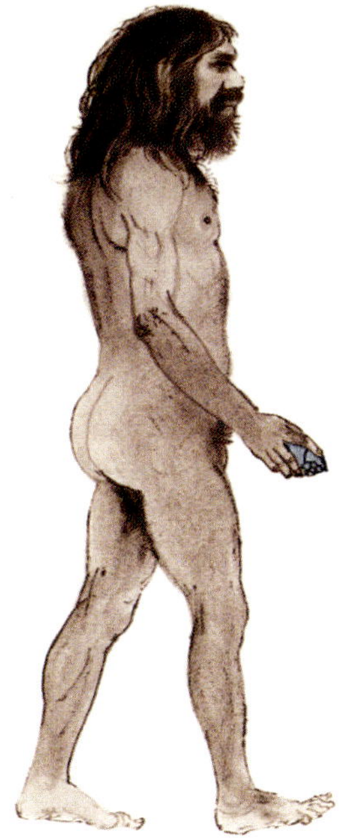

Homo sapiens

Neandertaler

220.000 Jahre alt sind ihre ältesten Spuren. Vor etwa 27.000 Jahren sind sie ausgestorben. Neandertaler konnten sprechen. Unsere Vorfahren übernahmen von ihnen vermutlich einige Gewohnheiten wie gemeinsam zu jagen oder die Toten zu bestatten. Sie lernten von ihnen auch, sehr spezialisierte Werkzeuge herzustellen.

Alte Völker

Marco Polo war jahrelang unterwegs, als er im 15. Jahrhundert von Venedig nach China reiste. Heute geht das in wenigen Stunden. In den vergangen 150.000 Jahren haben sich auf den verschiedenen Kontinenten unterschiedliche Menschenrassen und Kulturen entwickelt. Je näher sie heute zusammenrücken, um so mehr gleichen sie sich an. Die Kulturen und Sprachen verändern sich, Menschen unterschiedlicher Herkunft und Hautfarbe gründen gemeinsame Familien. Das ist eine ganz natürliche Form der **Evolution**. Aber es gibt auch Menschen, die immer noch so leben wie ihre Vorfahren. Man nennt sie indigene Völker. Die Pygmäen oder Buschleute in Afrika gehören dazu, die Tuareg in der Sahara oder die Sami in Finnland. Viele solcher Völker sind ausgestorben, weil die moderne Zivilisation ihnen keinen Raum gelassen hat. Aber sie haben wie alle Menschen das Recht, selbst zu entscheiden, wie sie leben und sich weiterentwickeln wollen.

Immer mehr Menschen

Die Zahl der Menschen auf der Erde wächst in großem Tempo. Am 17. Dezember 2004 um 13:15 Uhr waren es 6.432.848.692. Die Weltbevölkerungsuhr zählt pro Sekunde 2,5 Menschen hinzu – das entspricht dem Tempo, in dem die Weltbevölkerung in den letzten Jahren gewachsen ist. Die meisten Menschen werden in Afrika und Asien geboren, die wenigsten in Europa: Hier werden es sogar immer weniger, weil mehr Menschen sterben als geboren werden.

Armut ist ein Problem für die gesamte Erde

2003 besaßen auf der Erde 587 Menschen oder Familien jeweils eine Milliarde Dollar oder mehr. Zur gleichen Zeit lebten mehr als eine Milliarde Menschen von weniger als einem Dollar pro Tag. Das ist auch ein Problem für die Natur: Die wenigen Reichen verbrauchen den größten Teil der fossilen Brennstoffe und verursachen die meisten Abgase, die unsere **Atmosphäre** belasten. Und viele der Armen holzen aus purer Not Bäume ab und tragen so dazu bei, dass immer größere Flächen der Erde zu **Wüsten** werden.

Mimikry

Mimikry nennt man einen weit verbreiteten Trick der Natur. Manche Tiere und Pflanzen passen ihr Aussehen, ihren Geruch oder sogar ihren Geschmack so weit an andere Tiere, Pflanzen oder ihre Umgebung an, dass sie nicht als das erkannt werden, was sie wirklich sind. Sie tun dies, um sich vor ihren Feinden zu schützen, um Beutetiere anzulocken oder um ihre **Fortpflanzung** sicherzustellen.

Eine Wespe, die keine ist

Hast du auch schon mal im Sommer einen Schreck bekommen, weil du dachtest, da ist eine Wespe an deinem Limonadenglas – und dann war es nur eine Schwebfliege? Schwebfliegen sind harmlose Tierchen, aber viele Vögel mögen sie zum Fressen gern. Die gleichen Vögel machen um die giftigen Wespen einen großen Bogen. Deshalb hat sich die Schwebfliege „als Wespe verkleidet", sie hat ihr äußeres Erscheinungsbild den Wespen so gut angepasst, dass auch wir Menschen auf diese perfekte Tarnung hereinfallen. Es gibt in der Natur viele solcher Beispiele. Der Hornissenschwärmer, ein Schmetterling, sieht aus dem gleichen Grund der gefährlichen Hornisse zum Verwechseln ähnlich.

Kleine und große Tarnkünstler

Manche Raupen tun, als wären sie vertrocknete Blätter oder Äste. Der Heidespanner, auch ein Schmetterling, sieht auf einem Baumstamm aus wie ein Stück Borke. Aber auch größere Tiere sind Meister des Versteckens. Schneehasen zum Beispiel sind im Sommer mit ihrem graubraunen Fell kaum zu sehen. Im Winter wird das Fell weiß und im Schnee sind sie dann erst recht „unsichtbar". Sogar Zebras, so groß und auffällig gestreift sie auf den ersten Blick wirken – wenn sie in einer Gruppe zusammenstehen, verwischen sich durch die Streifen die Umrisse der einzelnen

HAST DU SCHON GEWUSST,

dass unsere einheimische Meise einen ganz besonderen Mimikry-Trick benutzt? Wenn sie befürchtet, sie oder ihr Nest könnte bedroht sein, macht sie ein Geräusch, das wie das Zischen einer Schlange klingt, und vertreibt damit Nesträuber und andere Feinde.

Zebras irritieren die Feinde durch ihre Streifen

Schneehase mit Winterfell

Tiere. So ein armer Löwe kann dann gar nicht erkennen, wo nun ein Tier aufhört und das nächste anfängt. Sehr verwirrend! Aus ähnlichen Gründen sind bei uns Rehkitze oder kleine Wildschweine so gemustert, dass sie kaum zu sehen sind, wenn sie sich in das Gras oder auf die Blätter auf dem Waldboden ducken.

Angriffstarnung

Manchmal ist Mimikry auch höchst angriffslustig. Ein Tiger, Leopard oder Gepard ist auf den ersten Blick ein auffällig gemustertes Tier. Im Spiel von Licht und Schatten unter der grellen Sonne in Indien beziehungsweise in der Serengeti Afrikas verschwimmen seine Konturen aber optisch mit der Umgebung und bis ein Beutetier ihn wahrnimmt, ist diese große Raubkatze meist schon zu nah, als dass es noch weglaufen könnte. Ganz anders geht zum Beispiel der Seeteufel zu Werke. Dieser Fisch hat ein Hautanhängsel, das er wie einen Wurm hin und her bewegt, während er regungslos auf allzu gierige kleinere **Fische** wartet.

HAST DU SCHON GEWUSST,

dass die tropischen Gespensterheuschrecken besondere Meister der Tarnung sind? Es gibt etwa 2500 verschiedene Arten von ihnen und sie sind bis zu 35 Zentimeter groß. Sie sehen aus wie abgestorbene Äste, braune oder grüne Blätter oder Borkenstückchen. Und sie benehmen sich auch noch so: Stundenlang sitzen sie bewegungslos an ihrem Platz. Manche treiben es sogar so weit, dass sie im Rhythmus von Tag und Nacht ihre Farbe wechseln. Das macht die Tarnung vollends perfekt.

Unsichtbares Chamäleon

Das wohl bekannteste Beispiel von Mimikry ist das Chamäleon. Chamäleons sind auf Bäumen lebende 25 bis 30 Zentimeter lange Echsen. Sie kommen vorwiegend in Afrika und Asien vor. Das Besondere an ihnen: Sie können ihre Hautfarbe sehr schnell und sehr genau ihrer Umgebung anpassen. Insekten, die in ihre Nähe kommen, sehen sie nicht, so perfekt verschmelzen sie mit Ästen oder Schatten ringsum. Und schwupp schießt die lange, klebrige Zunge hervor und es gibt ein Insekt weniger.

Fortpflanzung dank Mimikry

Nicht nur Tiere bedienen sich dieses überaus praktischen Tricks, sondern auch manche Pflanzen. So haben es einige Orchideenarten im Laufe der Evolution geschafft, die Gestalt von Insektenweibchen perfekt zu imitieren. Die Männchen kommen dann angeschwirrt und bestäuben auf der Suche nach dem vermeintlichen Weibchen ganz nebenbei die Orchidee. Andere Pflanzenarten ahmen zum gleichen Zweck den Duft von Insektenweibchen nach.

Ein Chamäleon kann seine Farbe exakt an die Umgebung anpassen

Mineralien

Marmor ist aus Kalkstein entstanden

Unsere Erdkruste – alle festen Stoffe, die sich über Jahrmilliarden oberhalb des glühenden Erdinneren gebildet haben – besteht hauptsächlich aus Mineralien. Eines der häufigsten ist Quarz.

Mineralien sind Kristalle

Mineralien bestehen aus einzelnen oder mehreren chemischen Elementen. Man kennt heute ungefähr 3500 Mineralien. Jedes Jahr werden rund 30 neue entdeckt. Nur ungefähr zehn Prozent davon kommen häufig vor. Jedes Mineral hat eine Kristallform. Auch wenn man sie fein zermahlen hat, haben Mineralkristalle selbst in ihren kleinsten Teilchen immer noch ihre typische Kristallstruktur.

Gesteine bestehen aus Mineralien

Gesteine sind wie Kuchen aus verschiedenen Zutaten zusammengesetzt, unterschiedlichen Kombinationen von Mineralien. Sand besteht aus sehr kleinen Steinen, Berge aus sehr großen. Das Prinzip ihres Aufbaus ist das gleiche, nur die Größe ist unterschiedlich. Je nach ihrer Entstehung gibt es drei Gesteinsarten: kristalline, Sediment- und metamorphe Gesteine.

In der Tiefe gehärtet

Tief in der Erde sind die Temperaturen so hoch, dass Mineralien zu Magma verschmelzen. Wo dieses Magma durch die Erdkruste dringt und schnell abkühlt, wird es zu kristallinem Gestein, zum Beispiel zu Basalt. Magma, das nicht bis zur Erdoberfläche kommt und vorher langsamer abkühlt, kann sich in der Erde mit anderen Gesteinen verbinden und beispielsweise zu Granit werden.

Erosionsprodukte

Sedimentgesteine entstehen durch Verwitterung. Dabei lösen sich durch Erdrutsche oder Unterspülung Gesteinsteile. Wenn Regen, Gletschereis, **Wind** oder **Flüsse** diese Teile als Sand oder Schlamm mit sich forttragen, nennt man das **Erosion**. Auf dem Weg zum Meer nehmen Bäche und Flüsse diesen Sand und Schlamm mit und schwemmen sie irgendwo an. Er lagert sich an anderer Stelle wieder ab und bildet Schichten. Im Laufe der Jahrmillionen entsteht daraus durch den Druck immer neuer Schichten Sedimentgestein wie zum Beispiel Kalkstein oder Sandstein.

Veränderte Gesteine

„Metamorph“ ist ein griechisches Wort und bedeutet „verändert“. Metamorphe Gesteine waren ursprünglich entweder kristalline oder Sedimentgesteine. Durch hohen Druck, beispielsweise durch Gletscher oder große Hitze, wenn sie etwa durch Verschiebungen der Erdkruste wieder zu nahe an das heiße Magma geraten, verändern sich diese Gesteine. Sie werden besonders hart oder bekommen eine andere Struktur. Marmor oder Schiefer sind Beispiele für metamorphe Gesteine.

Mineralien und Menschen

Schon sehr früh in seiner Entwicklung entdeckte der **Mensch**, dass er mit einem Feuerstein

PROBIER ES AUS!

Wie kommt das Salz aus dem Meer heraus? Probier es aus! Du brauchst dazu etwas Meerwasser. Wenn du keins hast, nimm ein wenig Leitungswasser und löse darin einen Teelöffel Salz auf. Einfach umrühren, fertig. Dann lässt du ein paar Tropfen davon auf ein Blatt farbiges Papier fallen. Wenn das Wasser getrocknet – also Salz verdunstet – ist, bleibt eine kleine weiße Spur zurück. Sehr ähnlich funktioniert die Salzgewinnung in großen Mengen aus dem Meer.

eine Flamme erzeugen kann und nicht auf zufällige Einschläge von Blitzen angewiesen ist, um sein Essen zu kochen. Die Steinzeit hieß so, weil Menschen aus Steinen Werkzeuge herzustellen begannen. Vor etwa 4000 Jahren entdeckten sie, dass man aus Erzen Metalle schmelzen und daraus noch bessere Waffen und Werkzeuge herstellen kann. Auch Salz gewinnen wir Menschen schon seit der Bronze-/Eisenzeit. Metalle wie Gold und Silber waren schon früh Symbole von Reichtum.

Mineralien zum Essen

Einige Mineralien gehören wie **Vitamine** zu den lebenswichtigen Nährstoffen, die wir Menschen mit unserer täglichen Nahrung zu uns nehmen müssen. Zum Beispiel Chlor, Kalium, Phosphor, Magnesium und Schwefel. Das klingt nicht sehr lecker, aber all diese Mineralien sind in frischem Obst und Gemüse, Getreide, Fleisch und Milch enthalten, ebenso wie die übrigen lebenswichtigen Mineralien.

Basalt-Gestein ist vulkanisch

Quarz ist eines der häufigsten Minerale

Dazu brauchst du Mineralien

Chlor ist im Kochsalz enthalten und gut für deine Gelenke. Kalium, unter anderem in Bananen und Orangen, ist wichtig für dein gesundes Wachstum. Phosphor steckt in Fleisch und Eiern und stärkt das Gehirn. Das Magnesium in Salat und Gemüse hilft zum Beispiel bei einem Wadenkrampf. Und Schwefel, zum Beispiel in Käse und Fisch, trägt zu gesunden Nägeln und Haaren bei. Alle anderen Mineralien im Essen – und nicht zuletzt auch in Mineralwasser – sind ebenso wichtig für unsere Gesundheit.

Mond

Der Mond ist der ständige Begleiter der Erde. Er umkreist sie unentwegt und braucht dafür jedes Mal 27 Tage, sieben Stunden, 43 Minuten und 11,5 Sekunden. Von der Erde aus betrachtet, wirkt er, als sei er etwa so groß wie die **Sonne**.

Mond in der Dämmerung

Keine Absturzgefahr

Der Mond kreist um die Erde, und zwar in ziemlich schnellem Tempo: Er legt pro Sekunde etwa einen Kilometer zurück. Aber er fällt nicht herunter. Der Grund ist die ständige Bewegung. Dadurch entsteht eine Fliehkraft, die so stark ist, dass sie die Anziehungskraft der Erde ausgleicht. So lange sich diese beiden Kräfte die Waage halten, bleibt der Mond brav auf seiner Umlaufbahn. Würde man ihn allerdings anhalten, würde er kurz still stehen und dann immer schneller auf die Erde zu rasen. Der gleiche Mechanismus wie bei Mond und Erde sorgt übrigens überall im Universum dafür, dass **Planeten** nicht in Sonnen stürzen und Monde oder Satelliten nicht auf Planeten.

Ebbe und Flut

Nicht nur die Erde zieht den Mond mit ihrer Schwerkraft an. Auch der Mond hat eine Schwerkraft, die auf die Erde wirkt. Weil er jedoch wesentlich kleiner ist als sie, ist auch seine Anziehungskraft schwächer. Sie ist aber immerhin stark genug, um die Gezeiten auszulösen. Gezeiten – so nennt man Ebbe und Flut. Zweimal am Tag zieht sich überall in den **Meeren** der Erde das Wasser zurück und legt ein großes Stück Wattenmeer frei, um dann wieder zurückzukommen und alles zu überfluten. Das passiert durch die Anziehungskraft des Mondes: Sie hebt das Wasser in die Höhe und bildet einen Flutberg. Die Erde dreht sich in 24 Stunden einmal um sich selbst und kommt in dieser Zeit einmal unter diesem Flutberg hindurch. Weil wir die Drehung der Erde nicht spüren, kommt es uns so vor, als würde das Wasser steigen. Dass wir zweimal am Tag Flut haben, kommt daher, dass der Mond die Erde ein wenig aus ihrer Bahn zieht. Die Fliehkraft, die dadurch entsteht, hebt das Wasser auch auf der Seite an, die vom Mond abgewandt ist.

PROBIER ES AUS!

Die Sache mit der Fliehkraft probierst du am besten aus, wenn du das nächste Mal auf den Rummelplatz gehst. Jedes schnelle Karussell wird dir zeigen, wie dich die Drehung und die Geschwindigkeit von der Erde wegzuziehen scheint. Am besten eignet sich für diesen Test ein Kettenkarussell (sag deinen Eltern, dass es sich um ein wichtiges wissenschaftliches Experiment handelt und du deshalb unbedingt einen Fahrschein brauchst).

Der Mann im Mond

Der erste Mann im Mond, den es wirklich gab, war der Amerikaner Neil Armstrong. Genauer gesagt, er war der erste Mann auf dem Mond: Am 20. Juli 1969 betrat er die Oberfläche des Planeten. Er hatte eine Kamera dabei und auf der Erde konnten alle seinen ungewöhnlichen Ausflug an den Bildschirmen verfolgen. Sie sahen eine felsige, wüste Ödnis. Dabei hatten viele der Zuschauer vermutet, dass es Meere auf dem Mond gebe. Man hatte diesen Meeren sogar poetische Namen gegeben: „Honigmeer“, „Regenbogenbucht“ oder „See der Träume“. In Wirklichkeit sind die Flecken, die wir auf dem Mond sehen, tiefe Krater von Meteoriteneinschlägen. Die Flecken, die man deshalb von hier unten sieht, haben Kinder für den Mann im Mond gehalten. Die Bewohner der Arktis glaubten dagegen, die Mondflecken seien die Asche, mit der die Sonne den Mond bewarf, als der sie umarmen wollte. Und in Indien sah man in ihnen einen Hasen, der sich vor einem Hund auf den Mond geflüchtet hat.

HAST DU SCHON GEWUSST,

warum sich der Mond scheinbar verformt? Alle vier Wochen wandelt sich der Vollmond in einen Neumond und wieder umgekehrt. Diese Wechsel nennt man Mondphasen. Natürlich ändert der Mond nicht wirklich seine Form. Aber in der Zeit, in der er sich auf seiner Bahn um die Erde befindet, werden immer nur einzelne Teile von der Sonne angestrahlt. Die nicht beleuchteten Stellen bleiben von der Erde aus unsichtbar. Bei Neumond können wir den Mond gar nicht sehen.

Vollmond

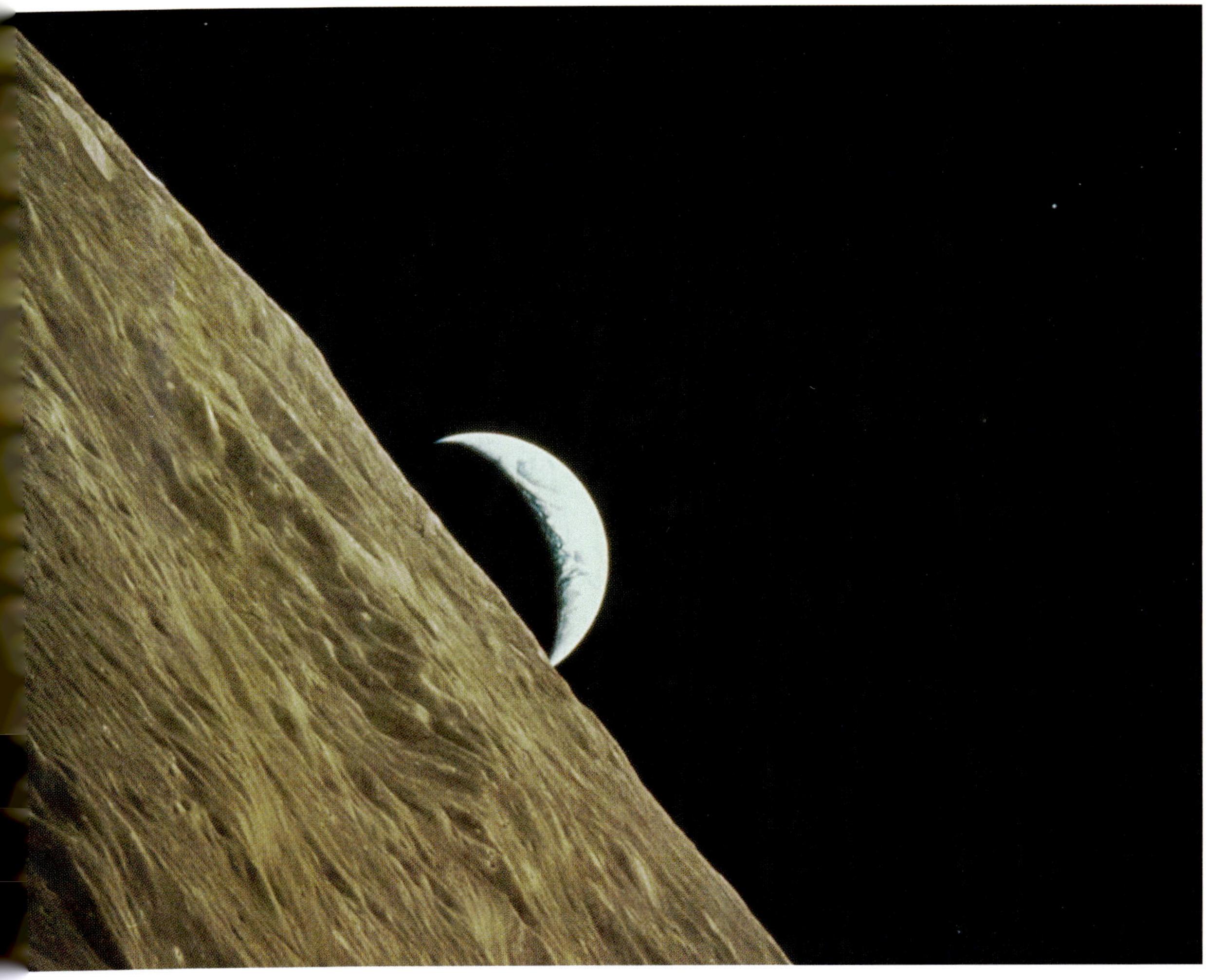

Der Mond ist der ständige Begleiter der Erde

Heißkalt

Der Mond hat keine Atmosphäre wie die Erde. Er kann deshalb keine Wärme speichern. Das bedeutet, dass er sehr heiß werden kann, wo die Sonne ihn trifft, und extrem kalt, wo sie ihn nicht trifft: Nachts herrschen dort Temperaturen bis zu –173 °C und tagsüber erwärmt er sich auf bis zu +130 °C. Das ist einer der Gründe, weshalb ein Leben auf dem Mond nicht möglich ist.

Herbstzeitlosen sind giftig

In der Natur gibt es Giftstoffe, die gefährlich, manchmal sogar tödlich für Menschen sein können. Weil bei Kindern der Körper und auch die körpereigenen Abwehrkräfte noch nicht ausgereift sind, können für sie manche dieser Gifte schon in einer Menge tödlich sein, die Erwachsenen noch wenig ausmacht.

Giftige Pflanzen und Pilze

Auch bei uns gibt es Pflanzen, um die du lieber einen Bogen machen solltest. Eiben beispielsweise sind tödlich giftig – Finger weg! Das Gleiche gilt für den schönen Roten Fingerhut. Goldregen solltest du auch nicht anfassen und die Finger von Hyazinthen und Herbstzeitlosen lassen. Rhabarber schmeckt lecker – aber lass seine großen grünen Blätter in Ruhe. Auch die bunten Rhododendronbüsche sind nur für die Augen schön, aber sonst giftig. Noch viele andere Pflanzen sind für den Menschen schädlich. Manche vergiften einen schon, wenn man nur ihre Blätter oder das Holz anfasst und sich hinterher die Augen reibt. Vorsicht ist immer besser! Auch manche **Pilze** können tödlich sein.

Giftige Tiere

Das einzige giftige Tier hierzulande ist die Kreuzotter. Du erkennst sie an der Zickzacklinie auf ihrem Rücken. Vermutlich hast du noch nie eine im Freien gesehen und wirst das auch nie, denn Kreuzottern sind sehr scheu. Sollte dich doch mal eine beißen, geh schnell zum Notarzt. Die einzigen anderen Tiere, vor denen du dich in Acht nehmen musst, sind Zecken.

Nikotin

Nikotin ist ein gefährliches Gift, das in Tabak enthalten ist. Es macht süchtig. Das bedeutet: Wer einmal mit dem Rauchen angefangen hat, kann es später nur sehr schwer wieder lassen. Wissenschaftler sagen, Nikotin ist der stärkste Suchtauslöser von allen. An den Folgen des Rauchens sterben mehr Menschen als an allen anderen Drogen zusammengenommen. Das Problem: Nikotin ist eine so genannte legale Droge. Das bedeutet, Rauchen ist nicht verboten. Deshalb denken viele Leute, es sei auch nicht gefährlich. Ein trauriger Irrtum.

Raucher sehen alt aus

Schau dich mal um und vergleiche jemanden, der seit Jahren raucht und etwa so alt ist wie deine Eltern, mit jemandem, der nicht raucht und genau so alt ist.

PROBIER ES AUS!

Frage mal mehrere Menschen, die rauchen:
Warum rauchst du?
Was ist gut daran, zu rauchen?
Was ist schlecht daran?
Warum hörst du nicht auf damit?
Beobachte: Husten Raucher mehr als Nichtraucher? Wer von beiden gerät schneller außer Atem?

HAST DU SCHON GEWUSST,

dass es sich lohnt, mit dem Rauchen aufzuhören? Unser Körper kann die Schäden, die das Gift anrichtet, nämlich selbst wieder reparieren. Zum Beispiel ist die Gefahr, an einem Herzinfarkt zu sterben, schon ein Jahr nach der letzten Zigarette um die Hälfte geringer als bei jemandem, der weiterraucht.

Die Kreuzotter ist hierzulande das einzige giftige Tier

Wer sieht älter aus? Klar. Wer raucht, zerstört seinen Körper Tag für Tag ein bisschen mehr. Das Schlimme ist, dass das schleichend geschieht und man es deshalb selbst erst mal gar nicht merkt. Ganz vereinfacht könnte man das so erklären: Unser Körper besteht aus Billiarden von Zellen. Jede dieser Körperzellen erneuert sich immer wieder, indem sie sich teilt. Aber jeder Zug aus einer Zigarette oder Zigarre überschwemmt den Körper mit Milliarden von so genannten Freien Radikalen. Freie Radikale, das weißt du vielleicht, greifen Körperzellen an und zerstören sie. Dann können sie sich nicht mehr erneuern, wie bei alten Menschen, wo diese Erneuerung der Zellen auch immer mehr nachlässt. Sie können auch Zellen zu Krebszellen machen. Unter Rauchern gibt es mehr Krebskranke als unter Nichtrauchern. Und das kann man nur stoppen, indem man sofort aufhört zu rauchen.

Raucherin

Volksdroge Nr. 2: Alkohol

Nikotin und Alkohol haben dreierlei gemeinsam: Beide sind natürliche Gifte, beide können süchtig machen und beide sind so genannte legale Drogen. Das bedeutet, sie sind nicht verboten, obwohl jeder weiß, dass jedes Jahr sehr viele Menschen an den Folgen dieser Drogen sterben. Der Unterschied: Schon wenige Zigaretten täglich schädigen den Körper. Wenn ein Erwachsener aber ein Gläschen Wein oder Bier an vier bis fünf Abenden in der Woche trinkt, kann das sogar gesund sein. Größere Mengen sind allerdings ähnlich gefährlich wie Nikotin. Pro Jahr sterben bei uns an Alkoholvergiftung oder an Unfällen, die durch Alkohol passiert sind, so viele Menschen wie in einer Kleinstadt leben: mehr als 40.000.

Naturkatastrophen

Naturkatastrophen sind natürlich entstandene Katastrophen, bei denen großer Schaden für Mensch und Umwelt entsteht. Viele, zum Beispiel Erdbeben oder Vulkanausbrüche, hängen damit zusammen, dass die Erde ständig in Bewegung ist. Manche Naturkatastrophen – Überschwemmungen, Stürme oder andere, die mit dem Klima zu tun haben – könnten glimpflicher abgehen, wenn die Menschen sich anders verhalten würden.

Katastrophenjahr 2004

Im Jahr 2004 gab es weltweit rund 300 Naturkatastrophen, bei denen mehr als 350.000 Menschen ums Leben gekommen sind. Die größten Schäden sind zunächst in den USA und Japan durch ungewöhnlich starke Wirbelstürme entstanden. Dazu kam in Japan ein schweres **Erdbeben** und schließlich zu Weihnachten eine riesige Flutwelle (**Tsunami**) im Indischen Ozean, die allein weit über 280.000 Menschenleben kostete.

Überschwemmungen – zum Beispiel Bangladesch

Bangladesch im Nordosten von Indien ist eins der ärmsten Länder der Erde. Fast jedes Jahr sterben hier bei Überschwemmungen Tausende Menschen, allein 1991 waren es 120.000. Denn durch Bangladesch fließen mächtige **Flüsse**, die unter anderem große Mengen Schmelzwasser aus dem Himalaja ins Meer tragen: der Ganges, der Brahmaputra, der Meghna und außerdem viele kleinere Wasserläufe. Wenn dazu noch im Sommer der Monsunregen kommt, überfluten diese Flüsse Städte, Dörfer und Felder. Noch schlimmer wird das Ganze durch die Zyklone. Das sind gewaltige Wirbelstürme, die sich über dem Meer im Süden des Landes bilden und von der Küste her weiteres Wasser übers Land peitschen. Dammsysteme oder eine Kanalisation, um das Wasser zurückzuhalten oder geregelt abfließen zu lassen, gibt es kaum. Im Gegenteil: Seen und Kanäle, die diese Aufgabe früher erfüllt hatten, wurden trocken gelegt, um mehr Siedlungsraum für die 140 Millionen Menschen des Landes zu schaffen. **Wälder** längs der Flüsse, deren Baumwurzeln einen Teil des Wassers gespeichert und die **Erosion** in Grenzen gehalten hatten, sind abgeholzt worden. Deshalb stellt sich den Wassermassen nichts mehr entgegen.

Auch in Deutschland gibt es Überschwemmungen

Tropenstürme – zum Beispiel auf den Philippinen

Ein machtvoller Taifun auf den Philippinen hat im November 2004 mehr als 700 Menschenleben gekostet. Er riss Häuser und Bäume um, löste Erdrutsche und Überschwemmungen aus, zerschmetterte Autos und verursachte riesige Schäden. Auch diese Katastrophe wurde dadurch verschlimmert, dass dort vorher in großem Umfang Wälder abgeholzt worden sind. Wälder sind ein natürlicher

Umgestürzter Baum

HAST DU SCHON GEWUSST,

dass jedes Jahr am zweiten Mittwoch im Oktober der Internationale Tag zur Verhinderung von Naturkatastrophen begangen wird? Damit wollen die Vereinten Nationen alle Länder an die Gefahr von Naturkatastrophen erinnern. Die Regierungen sollen Pläne entwickeln, um Naturkatastrophen zu verhindern oder wenigstens ihre Folgen zu mildern. Dazu gehört es zum Beispiel, Frühwarnsysteme zu verbessern, um die Menschen in betroffenen und benachbarten Ländern rechtzeitig zu warnen. Denn je besser alle auf Naturkatastrophen vorbereitet sind, um so geringer ist die Zahl der Opfer.

Schutzwall gegen Stürme. Überall auf der Erde richten jedes Jahr gewaltige Stürme Verwüstungen an. Wo die Menschen den natürlichen Schutz der Wälder zerstört haben, sind sie solchen Unwettern hilflos ausgeliefert.

Erdbeben und Vulkanausbrüche

Unsere Erde ist ständig in Bewegung. **Kontinente** und **Meere** liegen auf so genannten tektonischen Platten. Die schwimmen auf dem Magma, dem flüssigen Gestein, das den Erdkern umgibt. Diese Platten sind teilweise viele Kilometer dick, an manchen Stellen auch relativ dünn. Wo sie aneinander stoßen, bebt die Erde. Jedes Jahr gibt es weltweit unzählige solcher Beben, die meisten davon so leicht, dass wir sie gar nicht spüren. Ist ein Beben aber einmal stärker, dann wackeln die Häuser und viele stürzen sogar ein. Erdbeben können auch auf dem Meeresboden entstehen und riesige Wellen auslösen, so genannte **Tsunamis**. Auch Vulkanausbrüche im Meer oder auf Inseln können solche Riesenwellen auslösen. Entlang der Ränder der tektonischen Platten sind besonders viele **Vulkane** noch aktiv. Ob im Wasser oder an Land – Vulkanausbrüche haben schon überall auf der Erde schlimme Katastrophen ausgelöst.

Waldschäden nach Sturm

Ökologie

Die Ökologie ist eine noch junge Wissenschaft, die sich aus der Biologie entwickelt hat. Sie erforscht die Beziehungen zwischen den unterschiedlichen Lebewesen und ihrer Umwelt.

Eine neue Sicht der Welt

Früher dachten die Menschen, die Erde sei nur für sie gemacht und sie könnten sich einfach alles nehmen, was es darauf gibt. Besonders in den vergangenen 50 Jahren ist aber das Wissen über Zusammenhänge in der Natur enorm gewachsen. Vielen Menschen wurde bewusst, dass zum Beispiel **Umweltverschmutzung** auch ihre eigene Zukunft gefährdet. Sie haben erkannt, dass die Rohstoffe nicht unendlich sind. Wir Menschen sind für unsere Erde verantwortlich. Die Natur kann sich nicht unendlich selbst erneuern. Schäden, die wir heute anrichten, wirken sich auf unsere Kinder und Enkel aus. Das sind unter anderem die Themen, mit denen sich die Ökologen beschäftigen.

Nachhaltigkeit ist das wichtigste Grundprinzip der Ökologie

Zum Beispiel Nachhaltigkeit

Nachhaltigkeit bedeutet, dass man für jeden Baum, den man abholzt, einen neuen pflanzt, damit auch in Zukunft die Menschen frische Luft atmen können. Sie besagt, Waren so zu produzieren, dass dabei möglichst wenig Abfall entsteht, der die Umwelt belasten könnte. Wenn das nicht möglich ist, soll versucht werden, den Abfall weitestgehend in einen **Recycling**kreislauf zu bringen, ihn also wiederzuverwerten. Dazu gehört auch, die Menschen zu informieren, damit jeder Einzelne den verantwortungsvollen Umgang mit der Erde unterstützt.

Zum Beispiel Landwirtschaft

Landwirtschaft gibt es, seit die Menschen gelernt haben, ihre Lebensmittel gezielt anzubauen. Zum Beispiel Getreide. In Deutschland wird gut die Hälfte der Fläche landwirtschaftlich genutzt. Die Felder prägen die Landschaft und beeinflussen die Qualität der Böden. Dünger, Insektenvernichtungsmittel und andere Chemikalien verändern die Umwelt. Die Supermärkte verkaufen immer mehr Lebensmittel, die aus weit entfernten Ländern eingeflogen werden, und immer weniger, die in der Nachbarschaft produziert wurden. Das belastet die Umwelt – zum Beispiel durch die Abgase von LKW und Flugzeugen. Es

Abgemähte Felder

werden immer mehr Pflanzen angebaut, die durch Gentechnik verändert sind, obwohl noch gar nicht klar ist, ob sie der Umwelt oder der Gesundheit von Mensch und Tier schaden. Viele Bauern in armen Ländern pflanzen anstelle von Nahrungsmitteln für die Menschen im eigenen Land Futterpflanzen für das Vieh in den reichen Ländern. Ökologen suchen nach Möglichkeiten, Lebensmittel umweltschonender und trotzdem wirtschaftlich anzubauen, den Bedürfnissen von Menschen und Umwelt entsprechend.

Zum Beispiel Strahlenschutz

Radioaktive Strahlung in sehr geringem Umfang gab es schon immer, weil einige der Elemente in der Natur leicht radioaktiv sind. Das ist nichts Schlimmes. Heute jedoch gibt es zum Beispiel Kernkraftwerke. Dort wird mit Radioaktivität Strom erzeugt. Die Radioaktivität in einem solchen Werk und in seiner direkten Umgebung ist um vieles höher als die natürliche und kann für Mensch, Tier und Umwelt gefährlich werden. Eine andere Art von Strahlung hat jeder von uns in seiner direkten Umgebung und beachtet sie kaum: Elektrostrahlung. Jedes elektrische Gerät strahlt. Ob das gefährlich sein kann, weiß man nicht genau.

GEFÄHRLICHE HANDYS?

Im Auftrag der Weltgesundheitsorganisation (WHO) versuchen Wissenschaftler in 13 Ländern der Erde seit Jahren herauszufinden, ob das Telefonieren mit Handys gefährlich ist. Einige von ihnen befürchten, die elektronischen Strahlen, die dabei entstehen könnten dem Gehirn schaden, weil man das Handy beim Telefonieren so nah an den Kopf hält. Andere Wissenschaftler sehen darin keine Gefahr. Bis diese Frage geklärt ist, sollten Kinder möglichst wenig mit Handys telefonieren, sagt der deutsche Strahlenschutzbeauftragte, der sich mit diesem Thema intensiv beschäftigt. Denn bei Kindern ist das Gehirn noch nicht voll ausgebildet. Deshalb könnten sie besonders gefährdet sein, falls sich die Befürchtungen bestätigen sollten. Kinder sollten also möglichst wenig mit Handys telefonieren, sondern lieber Festnetztelefone benutzen, wenn das irgendwie möglich ist. Sicher ist sicher!

In Deutschland wird die Hälfte der Fläche landwirtschaftlich genutzt

Ozonschicht

Ozon ist eine Form von Sauerstoff. Es ist Teil der **Atmosphäre**, die die Erde umgibt. Ohne die Ozonschicht gäbe es kein Leben auf der Erde, denn Ozon schützt uns vor den zerstörerischen Strahlen der Sonne.

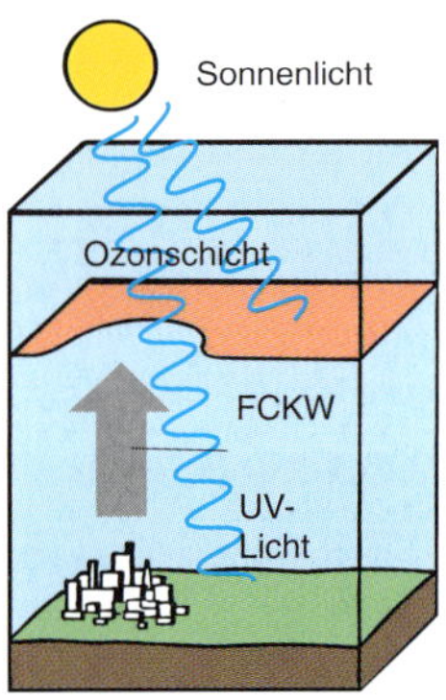

Atmosphäre

Natürlicher Sonnenschirm

Die Ozonschicht hat sich etwa 15 bis 50 Kilometer über der Erdoberfläche in der **Atmosphäre** gebildet. Hier haben die Sonnenstrahlen die Sauerstoffmoleküle in der Luft so verändert, dass daraus ein neues Gas entstanden ist, das Ozon. Es filtert 95 Prozent der ultravioletten Strahlen (UV-Strahlen) aus dem Sonnenlicht, die sonst zum Beispiel Sonnenbrand und Hautkrebs verursachen würden. Ohne die Ozonschicht würden diese aggressiven Strahlen zu 100 Prozent bis zur Erdoberfläche gelangen und dort alles Leben verbrennen.

Ozon-Messstation

HAST DU SCHON GEWUSST,

dass du persönlich dazu beitragen kannst, dass die Ozonschicht nicht noch dünner wird? Achte mit darauf, dass auf allen Spraydosen bei euch zu Hause steht: ohne FCKW.

Die Ozonschicht wird dünner

Sicher hast du auch schon den Ausdruck „Ozonloch" gehört. Es ist nicht wirklich ein Loch, aber Klimaforscher haben vor Jahren über der Antarktis entdeckt, dass die Ozonschicht dort dünner wird. Andere Wissenschaftler fanden heraus, dass bestimmte Stoffe dafür verantwortlich sind, die so genannten Fluorchlorkohlenwasserstoffe (FCKW). Sie werden als Treibgase in Spraydosen verwendet oder auch als Kühlmittel für Gefrierschränke. Sie steigen in die Atmosphäre auf, reagieren dort mit anderen Stoffen und verändern das Ozon zu einfachem Sauerstoff. Wenn die Ozonschicht weiter zerstört wird, befürchten Experten eine deutliche Zunahme von Hautkrankheiten, speziell von Hautkrebs. In Australien, das bisher am stärksten unter den Folgen dieser dünneren Ozonschicht leidet, muss sich heute schon jeder Dritte wegen Hautkrebs behandeln lassen. Gesetze sollen deshalb dafür sorgen, den Ausstoß von FCKW-Gasen zu vermindern.

Autoabgase gehören zu den Ursachen für Smog

Ozonalarm

Ozon in der Atmosphäre ist lebenswichtig. Natürliches Ozon kommt in Bodennähe nur in geringen Mengen vor und ist für den Menschen wichtig, da der Körper daraus das lebensnotwendige Vitamin D herstellt. In hoher Dosis ist es dagegen ein Umweltgift. Es kann Menschen krank machen oder die Augen und die Atemwege reizen. Es entsteht in größerer Menge an heißen Sommertagen durch Kohlenwasserstoffe und Stickstoffverbindungen, wenn die Sonne sehr heiß scheint. Kohlenwasserstoffe und Stickstoffverbindungen sind in Industrie- und Autoabgasen enthalten. Durch Automotoren mit Katalysatoren und durch schadstoffarme Dieselmotoren ging die Ozonbelastung in Deutschland in den letzten Jahren stark zurück. Trotzdem kann es passieren, dass der Ozongehalt in der Luft an manchen Tagen sehr hoch ist. Dann wird dies im Radio durchgesagt oder in den Zeitungen davor gewarnt. An solchen Tagen soll man möglichst wenig ins Freie gehen, kein Auto fahren und sich draußen nicht körperlich anstrengen.

Smog macht krank

Auch Smog ist eine Form von **Umweltverschmutzung**. Dabei spielt Ozon eine wesentliche Rolle. Das Wort Smog besteht aus Teilen der englischen Wörter smoke (Abgase) und fog (Nebel). Da kannst du dir gleich vorstellen, was das ist: ein Nebel aus Abgasen. Wenn die Luft trocken ist und genügend Wind weht, werden Rauch und Ruß aus den Fabrikschloten und die Autoabgase hoch in die Luft getragen und davongeweht. Aber wenn es kühl, feucht und windstill ist, dann hängen die Schmutzpartikel in der Luft und machen sie trüb und schmutzig. Das ist Smog.

Kinder müssen besonders aufpassen

Bei Ozon- oder Smogalarm solltest du lieber nicht draußen spielen. Denn wenn du tobst oder rennst, atmest du besonders viel – und bekommst so mehr Smog in die Lungen. Einige Kinder können dadurch Asthma bekommen – das ist eine unangenehme Atemkrankheit, die man nicht wieder los wird. Also geh lieber ins Haus, wenn Ozon- oder Smogalarm gegeben wird. In geschlossenen Räumen ist die Ozonkonzentration geringer.

Philosophie und Natur

Pythagoras und Thales

Philosophie ist ein griechisches Wort. Es setzt sich zusammen aus „philos" (Freund) und „sophia" (Weisheit). Also bedeutet es, genau übersetzt, „Freund der Weisheit".

Warum ist alles, wie es ist?

Philosophen wollen verstehen, warum die Welt so ist, wie sie ist. Die ersten Philosophen lebten ab dem 6. Jahrhundert vor Christus in Griechenland. Sie haben die Natur und die Menschen beobachtet und wollten verstehen und erklären, wie alles zusammenhängt.

Am Anfang war das Wasser

Das erkannte schon Thales von Milet (um 625–546 vor Christus), der erste bekannte Philosoph. Er war ein Kaufmann und Naturforscher in der Stadt Milet, die heute in der Türkei liegt. Der Urstoff allen Lebens war für ihn das **Wasser**. Heute wissen wir, dass das stimmt und das Leben wirklich im Wasser entstand, aber damals war diese Meinung für die Menschen völlig neu.

Thales von Milet

Entstehen und Vergehen

Auch Anaximander (um 611–547 vor Christus) war der Ansicht, dass das Leben aus dem Wasser hervorgegangen sei. Er glaubte ebenfalls, dass die Menschen aus im Wasser lebenden Tieren entstanden seien. Damit war er der erste, der die viel später entdeckte **Evolution**stheorie vertrat. Er sah das Urprinzip der Welt in einem ständigen Entstehen und Vergehen der Dinge und der Menschen.

Alles Luft

Für Anaximenes (um 585–526 vor Christus) war dagegen die Luft der Urstoff, aus dem alles besteht. Alle anderen Stoffe entstanden seiner Meinung nach durch eine Verdickung oder Verdünnung der Luft. Wie die beiden anderen hat er versucht, die Vielfalt der Natur auf einen Urstoff zurückzuführen.

Die Macht der Zahlen

Pythagoras (um 570–500 vor Christus) kennst du vielleicht aus dem Mathematikunterricht. Er war aber auch ein Philosoph. Er nahm an, die Zahlen wären das eigentliche Geheimnis um die Bausteine der Welt. Er suchte keinen Urstoff, sondern ein Urgesetz. Im heutigen Italien gründete er eine Philosophenschule, in der auch Frauen aufgenommen wurden. Pythagoras glaubte, dass die Seele des Menschen unsterblich sei und in immer wieder anderer Form neu entstehen würde. Das nennt man Seelenwanderung.

Die Entdeckung der Vernunft

Für Heraklit (um 550–480 vor Christus) ist das Werden und Fließen aller Dinge zentraler Bestandteil der Wirklichkeit. Der Philosoph meinte damit, dass alles sich verändert und doch bleibt wie es ist. Er verdeutlichte das am Beispiel eines Flusses, dessen Wasser ständig wechselt, aber der doch immer der gleiche Fluss bleibt. Heraklit sah hinter der Vielfalt der Natur ein gemeinsames Gesetz, nämlich logos. Das bedeutet Vernunft. Die Dinge seien am besten durch ihr jeweiliges Gegenteil zu erklären, sagte er: „Krankheit macht Gesundheit angenehm und gut, Hunger die Sättigung, Ermüdung das Ausruhen."

Sinnestäuschung?

Parmenides (etwa 515–445 vor Christus), ein Schüler von Xenophanes, glaubte, unsere Sinne täuschen uns nur vor, dass die Welt sich bewegt. In Wirklichkeit verändert sich seiner Meinung nach gar nichts. Wir sehen, hören, fühlen und glauben nur das, was wir gelernt haben zu sehen, hören, fühlen und zu glauben.

Die vier Urelemente

Empedokles (um 483–425 vor Christus) führte die Gedanken seine Vorgänger weiter. Er nannte als Urelemente Feuer, Wasser, Luft und Erde und erkannte, dass Entwicklung in einem Prozess von Versuch und Irrtum entsteht: Man probiert etwas aus, es klappt nicht, man probiert es anders ... bis man das gewünschte Ergebnis erzielt.

Das Atom

Demokrit (um 460–370 vor Christus) schließlich hat schon vor rund 2500 Jahren beschrieben, dass alles Sein aus unteilbaren kleinsten Körperchen besteht, den **Atomen**. Alles Werden und Vergehen, sagte er, ist ein Zusammentreffen und Sichtrennen von Atomen. Damit hatte er einen wichtigen Einfluss auf die spätere Entwicklung der Naturwissenschaften.

Nur Vermutung

„Es ist alles durchwebt von Vermutung", sagte Xenophanes (etwa 430–335 vor Christus). Er hielt nichts von Seelenwanderung und glaubte – für seine Zeit revolutionär – an einen einzigen Gott. Der sei überall gleichzeitig und in keiner Weise mit den Menschen zu vergleichen. Dieser Gott sei sozusagen die ganze Welt. Er hatte nämlich beobachtet, dass sich die Menschen ihre Götter so vorstellten, wie sie selbst waren, und lehnte diese Vorstellung ab – für diese Zeit revolutionär.

HAST DU SCHON GEWUSST,

dass vieles von dem, was für uns heute selbstverständlich ist, sich Menschen schon vor 2500 bis 3000 Jahren überlegt haben? Seitdem denken Philosophen darüber nach, warum das Leben so ist, wie es ist. Dazu sind die Gedanken der ersten Philosophen, der „alten Griechen", noch heute ihre Grundlagen.

Demokrit

Wasser ist eines der vier Urelemente

Pilze

Baumpilz

Hast du gedacht, Pilze wären Pflanzen? Irrtum! Sie ähneln auch Tieren und sind eine ganz eigene Gruppe von Lebewesen. Man kennt heute mehr als 100.000 verschiedene Arten.

HAST DU SCHON GEWUSST,

dass der bisher älteste Pilz, den man kennt, ein Hallimasch ist? Er wurde 2000 im amerikanischen Bundesstaat Oregon gefunden und ist neun Quadratkilometer groß. Wissenschaftler schätzen, dass er hier seit 2400 Jahren wuchert.

Unterschiede zu Pflanzen

Pilze haben mit Pflanzen nur gemeinsam, dass sie an einer Stelle verwurzelt sind und nicht weglaufen können. Aber sie bilden kein Blattgrün, sind also nicht zur **Fotosynthese** fähig. Sie wachsen in ausgedehnten Geflechten unter der Erde und brauchen kein Sonnenlicht. Was wir Pilze nennen, sind nur die Fruchtkörper. In denen sitzen so genannte Sporen, die der Pilz ausstreut, um sich fortzupflanzen. Pflanzen produzieren ihre Nahrung selbst, Pilze brauchen wie Tiere organische Nahrung, zum Beispiel faulende Pflanzen- und Tierreste.

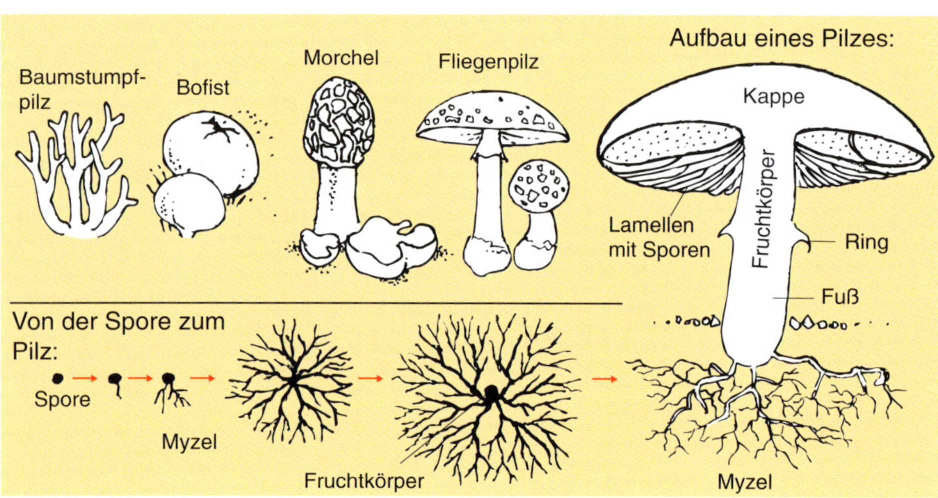

Pilze

Baumpilz

Damit sorgen sie für die Hygiene in unseren Ökosystemen, indem sie organische Materie zersetzen und natürlich recyceln.

Mörderpilze

Manche Pilze töten Pflanzen, sogar ganze Bäume. Sie dringen von außen ein, breiten sich in der Pflanze aus und fressen sie nach und nach auf. Wenn du einen Baum siehst, aus dem seitlich die Fruchtkörper so genannter Baumpilze sprießen, weißt du: Dieser Baum ist bereits von dem Pilz durchdrungen und wird sterben. Mehltau- und Rostpilze gehen ähnlich vor. Mehltau findet man nicht nur in Wäldern, sondern auch an Rosenbüschen und Zimmerpflanzen. Die winzigen Pilze sitzen in den Blättern, durchziehen sie wie andere Pilze den Boden und beginnen sie zu zersetzen. Auch Tiere und Menschen werden von Pilzen befallen, wenn auch mit weniger schlimmen Folgen. Fußpilz zum Beispiel ist unangenehm, aber relativ harmlos, ebenso wie Soor, eine Pilzinfektion, die besonders Säuglinge bekommen können.

Penicillinpilze retten Leben

Der schottische Bakterienforscher Sir Alexander Fleming (1881-1955) hatte 1928 **Bakte-**

LASS DICH BERATEN!

In öffentlichen Pilzberatungsstellen sehen sich Fachleute die Pilze an, die du gesammelt hast. So kannst du sicher sein, dass sie essbar sind. Adressen erfährst du im Internet oder beim örtlichen Gesundheitsamt.

Pilze auf Baumstamm

Pilz im Unterholz

rien gezüchtet, um sie zu erforschen. Da sah er, dass eine seiner Bakterienschalen mit einem Pilz verunreinigt war. Was ihn erstaunte, war, dass dieser Pilz offenbar alle Bakterien in seiner Umgebung getötet hatte. Es handelte sich um einen Penicillinpilz. Daraus entwickelten andere Forscher Medikamente wie das Penicillin, die antibiotisch wirken. Das bedeutet, dass sie lebende Krankheitserreger wie Bakterien zerstören und damit schon viele Leben gerettet haben. Wenn du mal eine Infektion mit Fieber hattest, hast du sicher auch Antibiotika bekommen.

PROBIER ES AUS!

Die mikroskopisch kleinen Hefepilze machen aus Zucker Alkohol und Kohlendioxid. Nimm etwas Fruchtsaft, Zucker und Backhefe und probier es aus! Rühr den Zucker in einem Glas so lange in ein wenig Fruchtsaft, bis er sich aufgelöst hat. Dann gib die Hefe dazu und stell das Glas auf die Fensterbank. Nach ein paar Stunden steigen darin Kohlendioxidbläschen auf: Die Gärung hat begonnen. Hefe wird beispielsweise zum Backen verwendet und um alkoholische Getränke herzustellen.

Leckere Pilze

Immer im Spätsommer und Herbst sind in den Wäldern Pilzsammler unterwegs, denn viele Pilze sind ausgesprochen lecker. Die Kunst besteht darin, die guten von den giftigen zu unterscheiden. Das kann man lernen. Es gibt sehr gute Bücher, in denen die einzelnen Sorten genau beschrieben werden.

Achtung, Giftpilz!

Kaum jemand wird freiwillig einen Fliegenpilz essen. Es gibt aber auch Giftpilze, die man nicht so klar erkennt. Für 90 Prozent aller tödlich verlaufenden Pilzvergiftungen ist bei uns zum Beispiel der grüne Knollenblätterpilz verantwortlich. Er ähnelt den genießbaren Täublingen und Grünlingen, riecht leicht honigartig und schmeckt mild. Aber ein paar Stunden nach dem Essen wirkt das Gift – und dann ist es zu spät, um den Magen auszupumpen. Andere Giftpilze wirken ähnlich.

HAST DU SCHON GEWUSST,

dass der Fliegenpilz seinen Namen daher hat, dass er früher als Fliegenfalle verwendet wurde? Man hat ihn in Stücke geschnitten und mit Milch getränkt. Die Milch lockte die Fliegen an, und wenn sie naschten, starben sie.

Pilz

Planeten

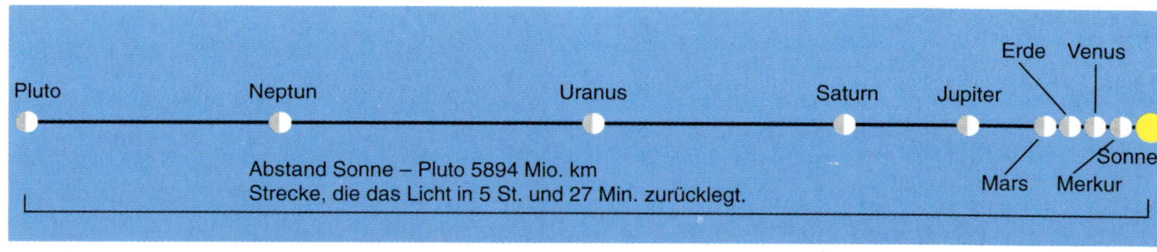

Planetenbahnen

Im gesamten **Universum** gibt es Milliarden von Sternen, von denen jeder ein eigenes Sonnensystem ist. Jeder dieser **Sterne** ist in Wirklichkeit eine **Sonne**, und um jede dieser Sonnen kreisen Planeten, um die wiederum **Monde** kreisen. In unserem Sonnensystem gibt es neun Planeten.

Merkur

Der Merkur ist der Sonne am nächsten. Entsprechend heiß geht es auf ihm zu: Die Oberflächentemperatur kann bis auf 430 °C klettern. Gleichzeitig kann es auf der sonnenabgewandten Seite bis zu -180 °C werden, denn der Merkur hat keine **Atmosphäre**. Er erinnert irgendwie an den Mond: Er ist voller Krater, die durch Meteoriteneinschläge entstanden sind. Der Merkur ist weniger als ein Drittel so groß wie die Erde.

Venus

Man hat sich lange gefragt, wie es auf der Venus wohl aussieht, denn sie versteckt sich ständig in einer dicken Wolke: Die Venus hat nämlich eine Atmosphäre, und die besteht zu 95 Prozent aus Kohlendioxid. Diese Atmosphäre sorgt dafür, dass die Sonnenwärme nicht von dem Planeten entweichen kann, und deshalb ist es dort ständig um die 480 °C heiß. Die Venus ist etwas kleiner als die Erde. Inzwischen weiß man, dass ihre Oberfläche aus kargen orangeroten Felsen besteht.

Erde

Unser Heimatplanet ist der dritte Planet, von der Sonne aus gesehen. Auch in der Atmosphäre der Erde ist Kohlendioxid vorhanden, aber überwiegend besteht sie aus Stickstoff und Sauerstoff. Das ist einer der Gründe, warum sie der bisher einzige bekannte Planet ist, auf dem Leben möglich ist. Denn dadurch sind die Temperaturen hier weder zu heiß noch zu kalt und die schädlichen Strahlen der Sonne werden abgeschirmt. Weitere Voraussetzung für Leben auf der Erde: Es gibt Wasser.

Mars

Der Mars ist der Rote Planet, denn er besteht aus rostrotem Gestein. Über viele Generationen glaubten die Menschen, dass es auch auf dem Mars Menschen oder ähnliche Wesen gebe, die sprichwörtlichen „kleinen grünen Männchen". Immerhin hat auch der Mars eine Atmosphäre, die allerdings wie bei der Venus zu 95 Prozent aus Kohlendioxid besteht. Im März 2004 bewies eine Mars-Expedition mit Robotern, dass es auf dem Mars einmal Wasser gab. Daraus schließen die Forscher, dass es dort auch Leben gegeben haben muss.

Jupiter

Der Jupiter ist ein Planet der Rekorde. Er ist der größte in unserem Sonnensystem – mehr als hundertmal so groß wie die Erde – und der schwerste: Er wiegt doppelt soviel wie alle anderen Planeten zusammen. Außerdem dreht er sich am schnellsten von allen um sich selbst: in knapp zehn Stunden.

Pluto

Erde

Merkur

Venus

Jupiter

Uranus

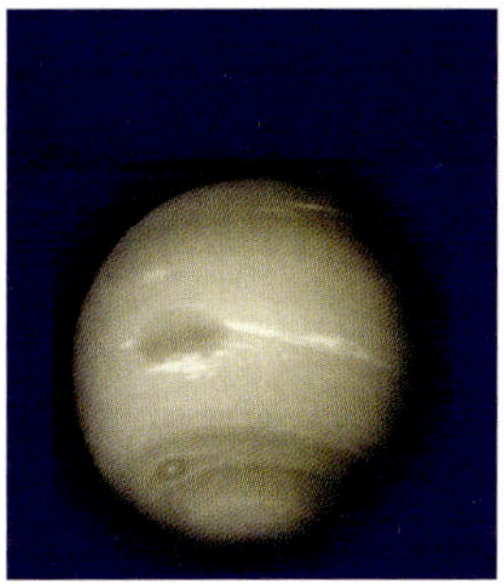

Neptun

Ein großer roter Fleck auf dem Jupiter ist ein riesiger Wirbelsturm, der dort seit unendlichen Zeiten wütet. Außerdem liegen die Temperaturen dort bei -130 °C – also ist er wohl kein Planet, den man gern besuchen würde.

Saturn

Der Saturn ist der zweitgrößte Planet in unserem Sonnensystem und etwa neuneinhalbmal so groß wie die Erde. Er hat keine feste Oberfläche, sondern besteht aus Gasen. Warum er diese typischen Ringe hat, weiß man nicht genau. Sie bestehen aus Tausenden schmaler Bänder, die Eisteilchen enthalten. Wissenschaftler vermuten, dass irgendwann einmal ein anderer Planet dem Saturn zu nahe gekommen ist und durch seine Schwerkraft zerrissen wurde.

Uranus

Der Uranus sieht grünlich aus und besteht hauptsächlich aus Wasserstoff und Helium. Er ist viermal so groß wie die Erde und wurde erst 1781 entdeckt. Bis dahin meinte man, der Saturn sei der letzte der Planeten. 1986 flog die Raumsonde Voyager 2 auf dem Weg zum Neptun hier vorbei und funkte erste Informationen über den Uranus zur Erde.

Neptun

Dieser bläulich aussehende Planet ist nur wenig kleiner als der Uranus. Er wurde 1846 entdeckt. Nach zwölf Jahren dauernder Reise durch das All, erreichte 1989 die Raumsonde Voyager 2 den Neptun und funkte Bilder auf die Erde. Seitdem wissen wir, dass er vorwiegend aus Eis und Gestein besteht, dass dort ein rauer Wind mit Geschwindigkeiten bis zu 450 Stundenkilometer weht und dass die Temperatur bei unfreundlichen -200 °C liegt.

Pluto

Der Pluto ist nur etwa ein Fünftel so groß wie die Erde und der kleinste Planet in unserem Sonnensystem. Er ist am weitesten von der Sonne entfernt und wurde deshalb erst 1930 entdeckt. Als einziger Planet ist er noch gar nicht erforscht, denn er ist einfach zu weit weg und eine Sonde dorthin zu senden wäre zu teuer. Wir wissen nur, dass der Pluto aus Gestein besteht und dass es auch dort sehr kalt ist (um -230 °C).

Oberfläche des Mars

Saturn

Polarregionen

Arktis

Die Arktis bezeichnet das Nordpolargebiet vom nördlichen Polarkreis bis zum Nordpol. Ein Drittel der Arktis besteht aus Land (Grönland, Teile Norwegens, Kanadas, der USA und Russlands), zwei Drittel bestehen aus dem Nordpolarmeer, von dem große Bereiche mit Packeis bedeckt sind. Die Landteile sind bis 3000 Meter hoch mit Eis überzogen. Hier gibt es **Gletscher** und Tundren, in denen nur einige niedrige und widerstandsfähige Pflanzen wachsen. Während der Polarnacht ist die Sonne monatelang nicht zu sehen.

Bäriger Name

Schon die Phönizier, ein Seefahrervolk, das vor Christi Geburt lebte, haben die Arktis entdeckt und sie nach dem Sternbild des Kleinen Bären benannt („arktos" heißt auf Griechisch „Bär"). Denn ein Teil des Kleinen Bären ist der Polarstern, nach dem sich auch heute noch die Seeleute orientieren. Mit dieser „Eselsbrücke" kannst du dir auch leicht merken, dass die Eisbären am Nordpol leben und nicht am Südpol.

Leben im ewigen Eis

Außer **Fischen** und Krebsen im **Meer** leben in der Arktis auch Eisbären, verschiedene Robben- und Walarten, Polarfüchse und -hasen und Rentiere. Das Volk der Inuit in Grönland lebte traditionell von und mit diesen Tieren. Inuit bedeutet in ihrer Sprache „**Menschen**". Früher wurden sie „Eskimo" genannt, das bedeutet „Rohfleischesser", denn die Inuit konnten in den Eiswüsten kein Feuer machen, um ihr Fleisch zu garen. In Sibirien und Teilen Alaskas heißen sie übrigens Yuit. Sie hatten sich sehr gut an das Klima und die Bedingungen in diesen kalten Regionen angepasst und lebten von Robben- und Fischfang. Nach dem Zweiten Weltkrieg hat sich für die Inuit einiges geändert. In der Arktis wurden Militärstützpunkte gebaut und in Sibirien fand man Bodenschätze. Vielen Inuit fiel die Anpassung an diese Veränderungen nicht leicht.

Pinguine leben am Südpol

Eisbären gibt es nur am Nordpol

Antarktis

Die Antarktis, also die Land- und Meeresgebiete um den Südpol herum, kennt man erst seit Mitte des 19. Jahrhunderts. Antarktis bedeutet einfach nur Gegenarktis, weil sie am entgegengesetz-

HAST DU SCHON GEWUSST,

dass kein Eisbär jemals einen Pinguin jagen wird? Na klar. Geht ja gar nicht. Denn Eisbären leben in der Arktis und Pinguine in der Antarktis.

Eisberg im Meer

ten Ende der Erdkugel liegt. Die Antarktis ist doppelt so groß wie Australien und der zweitkleinste der sechs Kontinente auf der Erde.

Unberührte Eiswüste

Am 4. Oktober 1991 haben 42 Staaten in einer Konferenz in der spanischen Hauptstadt Madrid den Südpol zu einem „dem Frieden und der Wissenschaft gewidmeten Naturreservat" erklärt. Dieses so genannte Madrider Protokoll war ein Meilenstein für den **Umweltschutz**. Denn es bedeutet, dass hier nicht nach **Erdöl** und anderen **Bodenschätzen** gesucht wird und jede Umweltverschmutzung streng verboten ist. Dieses empfindliche Ökosystem soll im Gleichgewicht gehalten und die einheimische Tier- und Pflanzenwelt geschützt werden. Viele Länder haben inzwischen Forschungslabors in der Antarktis eingerichtet, auch Deutschland. Hier haben sie zum Beispiel das Ozonloch entdeckt.

Eisbär in der Arktis

Pole und Meeresspiegel

Oft hört man, dass aufgrund der Klimaerwärmung das Eis an den Polen schmilzt und deshalb der Meeresspiegel ansteigt. Das ist nur teilweise richtig. Es stimmt, dass sich das Erdklima in den letzten Jahren leicht erwärmt hat. Es stimmt auch, dass dadurch an den Polen Eis schmilzt. Aber Eis verdrängt immer exakt die Menge Wasser, die es selbst enthält. Selbst wenn alles Eis an den Polen schmelzen würde, würde deshalb das Wasser im Meer nicht steigen. Wenn sich allerdings das Klima erwärmt, wird auch das Wasser im Meer wärmer. Wenn Wasser aber wärmer wird, dehnt es sich aus. Wenn dann auch noch die **Gletscher** schmelzen, könnte der Meerwasserspiegel aus diesen Gründen steigen.

Junge Robbe

PROBIER ES AUS!

Du kannst beweisen, dass Eis genau die Menge Wasser verdrängt, die es selbst enthält. Du brauchst dafür ein Wasserglas, ein paar Eiswürfel und warmes Wasser. Zuerst gibst du die Eiswürfel in das Glas. Fülle es dann mit warmem Wasser bis zum Rand auf und beobachte, was passiert, wenn das Eis schmilzt. Du wirst sehen: Das Glas läuft nicht über. Denn die Eiswürfel haben exakt die Menge Wasser verdrängt, aus der sie selbst bestehen.

Recycling

Das ist ein englisches Wort und bedeutet „Wiederverwertung“. Vieles, was wir nicht mehr brauchen, muss deshalb noch lange nicht weggeworfen werden. Man kann Neues daraus herstellen. Recycling ist ein wichtiger Beitrag zum **Umweltschutz**.

Spart Energie und Geld

Recycling ist keine neue Idee. Seit Jahrhunderten zogen Lumpensammler durchs Land und sammelten alte Kleidung. Man hat sie wieder aufgearbeitet und billig an ärmere Leute verkauft oder daraus zum Beispiel Papier hergestellt. Altes Papier wurde übrigens auch schon früh gesammelt, ebenso wie verrostete Eisenteile. Dabei spart man besonders viel, denn Eisen aus dem Gestein zu schmelzen verbraucht wesentlich mehr **Energie** als altes Eisen wieder einzuschmelzen, zu reinigen und daraus etwas Neues herzustellen. Gläser und Flaschen, die in den Glascontainer geworfen werden, werden ebenfalls gereinigt, eingeschmolzen und wieder zu neuen Flaschen verarbeitet. Aber stopp – ist es nicht billiger und umweltschonender, die Flaschen einfach nur zu reinigen und wieder zu füllen? Also lieber gleich Mehrwegflaschen zu nehmen?

Tageszeitungen

Das Gute am Dosenpfand

Seit einiger Zeit muss man für Getränkedosen ein Pfand bezahlen. Damit soll sichergestellt werden, dass sie nicht weggeworfen, sondern wieder zurückgegeben werden. Denn sie bestehen aus Weißblech – das ist ganz dünn ausgewalzter Stahl. Stahl kann zu 100 Prozent ohne irgendeinen Verlust wiederverwendet werden. Man kann ihn so oft einschmelzen wie man will und immer wieder neue und andere Sachen daraus herstellen, ohne dass deren Qualität schlechter wird.

Blechdosen

Vielleicht ist die Dose, die du heute zurückgibst, in ihrem nächsten Leben Teil eines Stahlträgers in einem Hochhaus!

Zu viele Mülleimer?

Wie viele verschiedene Mülleimer habt ihr zu Hause? Einen für Verpackungen (Plastik, Lebensmitteldosen, Jogurtbecher)? Einen für Küchenabfälle? Einen für Papier? Einen für Einwegflaschen? Einen für Einwegdosen und -plastikflaschen? Und noch

PROBIER ES AUS!

Willst du was für die Umwelt tun und gleichzeitig ein paar Euro verdienen? Viele Leute werfen immer noch Getränkedosen einfach so aus dem Auto. Da liegen sie dann und verschandeln die Landschaft. Nimm dir einen gelben Sack und sammle sie ein. Du kannst sie in jedem Supermarkt abgeben, denn inzwischen müssen alle Märkte alle Dosen zurücknehmen, auch solche, die sie nicht selbst verkauft haben. Wetten, dass du damit dein Taschengeld ganz nett aufbessern kannst?

einen für Restmüll? Puuhh. Da muss man aber aufpassen. Und was bringt das? Ganz klar: Plastik kann man wiederverwerten, Lebensmittel- und Getränkedosen ebenfalls. Und aus den Küchenabfällen kann man im Garten einen Komposthaufen machen und hat dann immer gute Gartenerde zur Hand. Oder sie kommen in Kompostierungsanlagen, die daraus ebenfalls Gartenerde machen.

Restmüll ist teuer

Der Restmüll, der beim besten Willen nicht in irgendeinen Recyclingkreislauf passt, muss entsorgt werden. So nennt man das. Das klingt ja ganz nett, aber was heißt „entsorgen“? Früher warf man ihn einfach auf die Müllkippe. Aber was passiert, wenn so eine Müllkippe voll ist? Oder wenn dort Stoffe ins Grundwasser – und damit in unseren **Wasserkreislauf** – gelangen, die giftig sind? Wohin mit all dem Dreck? Ingenieure arbeiten an neuen Technologien, um auch den Restmüll möglichst restlos zu verwerten. Aber das ist teuer. Also ist Restmüll teuer. Grund genug, möglichst wenig davon zu produzieren.

Weniger Papier ist mehr

Von morgens bis abends hast du mit Papier zu tun. Am Frühstückstisch mit der Zeitung, in der Schule mit Fotokopien, Heften und Büchern und zwischendurch immer wieder mal auf dem Klo. Und wenn du den Briefkasten aufmachst, quellen dir Dutzende bunter Prospekte entgegen, die du sofort in die Papiertonne wirfst. Dabei besteht Papier zum größten Teil aus Holz. Das ist zwar – im Gegensatz zu **Erdöl** oder Eisen – ein nachwachsender Rohstoff. Aber wie lange braucht so ein **Baum**, um zu wachsen! Also sei ein wenig sparsamer mit dem Papier, das du verbrauchst.

HAST DU SCHON GEWUSST,

dass jeder Mensch in Deutschland pro Tag rund 600 Gramm Papier verbraucht? Das ist mehr als irgendwo sonst.

Alte Flaschen werden wieder zu neuen Flaschen verarbeitet

PROBIER ES AUS!

Wenn du mehr über Umweltschutz erfahren und dich mit anderen Kindern austauschen möchtest, schau doch mal ins Internet. Unter www.bundjugend.de findest du alles Wissenswerte über das Kinder- und Jugendangebot des Bund Naturschutz.

Säugetiere

Säugetiere bringen lebendige Junge zur Welt – bis auf zwei Arten, von denen man weiß, dass sie Eier legen. Alle weltweit rund 4000 bekannten Säugetierarten kümmern sich um ihre Jungen und säugen sie mit Milch. Daher der Name. Das intelligenteste Säugetier ist der **Mensch**.

Kuh mit Jungtier

Ur-Säugetiere

Schon vor 144 Millionen Jahren, in der Kreidezeit, lebten auf der Erde die ersten Säugetiere. Im gleichen Erdzeitalter starben die Dinosaurier aus – aber eine Zeitlang existierten beide Lebensformen auf der Erde nebeneinander. Zu den bekanntesten Ur-Säugetieren gehören der Säbelzahntiger und das Mammut. Aber es wurden die **Fossilien** von unzähligen frühen Säugetierarten gefunden, deren Anblick uns heute fremdartig erscheint. Soweit man weiß, sind sie alle inzwischen ausgestorben oder haben sich zu neuen Formen weiterentwickelt.

Schwein beim Säugen

Kleine Geschichte vom Pferd

Es war einmal vor etwa 50 Millionen Jahren, da lebte der Urahn unserer heutigen Pferde, das Eohippus. Es ähnelte eher einem Hasen und war nur etwa 35 Zentimeter groß. Es lebte im Wald, fraß Laub und war recht flott zu Fuß, denn seine Beinchen waren vergleichsweise lang. Daran waren Zehen – vorne vier und hinten drei – mit jeweils einem hornigen Zehennagel, den Vorläufern der Pferdehufe. Im Laufe der Jahrmillionen entwickelten sich verschiedene Formen dieses Ur-

HAST DU SCHON GEWUSST,

dass das Schnabeltiermännchen eines der wenigen giftigen Säugetiere ist? Es hat Giftsporen an den Hinterfüßen.

pferdchens. Es wurde mit jeder neuen Version größer, stellte seine Nahrung nach und nach auf Gras um und veränderte die Zehen zu Hufen. Zu Beginn gab es auch auf dem amerikanischen **Kontinent** viele von ihnen, aber am Ende der Eiszeit waren sie dort ausgestorben. Erst die Spanier brachten im 15. Jahrhundert aus Europa wieder Pferde nach Amerika.

Säugetiere aus Eiern

Heute sind nur zwei Säugetierarten bekannt, die Eier legen: das Schnabeltier und der Ameisenigel. Beide gibt es nur in Australien. Das Schnabeltier lebt überwiegend im Wasser, hat ein Fell wie ein Seeotter und brütet höchstens drei Eier in einer mit Blättern gepolsterten Höhle aus. Ameisenigel tragen jeweils ein Ei in einem Beutel. Beide säugen ihre Jungen, indem sie Milch absondern, die die Kleinen dann aufschlecken: Zitzen haben sie nicht.

Und der Osterhase?

Der ist auch ein Säugetier. Aber auch wenn dich das jetzt tief enttäuscht: Er legt keine Eier. Die Frühlingsgöttin unserer germanischen Vorfahren hieß allerdings Ostara, und die wurde in jedem Frühling mit einem Fest gefeiert. Dabei schenkte man sich bunte Eier als Symbole der Fruchtbarkeit. Und immer um diese Zeit beobachteten unsere Vorfahren auch Hasen, die auf den Wiesen tanzten – und hinterher lagen da gesprenkelte bunte Eier. Auch Hasen galten als Fruchtbarkeitssymbole, also dachten die Germanen, die (Ostara-) Osterhasen hätten die Eier gelegt. In Wirklichkeit stammten sie von Wildvögeln. Die wollten ihre Eier am Boden ausbrüten und wurden von den Hasen gestört, die auf der Wiese um die schönsten Häsinnen kämpften. Dabei stehen die Hasen auf den Hinterbeinen und schlagen mit den Vorderpfoten aufeinander ein – das kann man von Weitem schon für eine Art Tanz halten.

Die Vorfahren der Pferde waren sehr klein

Allergisch?

Du möchtest gern mit Omas Katze schmusen oder Nachbars Hund streicheln – aber sobald du ihnen zu nahe kommst, tränen deine Augen? Die Nase läuft, du musst niesen oder bekommst sogar Atemnot oder rote Flecken auf der Haut? Das sieht schlecht aus. Vermutlich bist du allergisch gegen Tierhaare. So geht es vielen Menschen. Dabei ist man nicht gegen die Haare selbst allergisch, sondern gegen Eiweißstoffe (Proteine) im Speichel, Urin oder Schweiß der Tiere, die an den Haaren kleben. Am häufigsten bei Katzen oder Hunden. Wenn dein Körper allergisch reagiert, solltest du unbedingt zur Ärztin oder zum Arzt gehen. Und – wenn's auch schwer fällt – den Kontakt mit diesen Tieren meiden. Amerikanische Forscher haben mittlerweile das Protein im Katzenspeichel gefunden, das die Allergien auslöst. Nun suchen

HAST DU SCHON GEWUSST,

dass das Schnurren der Katzen gesund ist? Forscher haben herausgefunden, dass der vibrierende Brummton chronische Schmerzen lindern kann und hilft, dass gebrochene Knochen schneller zusammenwachsen. Nun erforschen sie, wie man dieses Wissen bei Verletzungen nutzen kann.

sie das entsprechende Gen. Das wollen sie so verändern, dass Katzen keine Allergien mehr verursachen können. Ist das eine gute Nachricht?

Viele Robbenarten wurden bereits ausgerottet

Kluge Hunde

Der Hund, „des Menschen bester Freund", ist eines der ältesten Haustiere. Schon früh hat er als Hirtenhund geholfen, Schaf- und Ziegenherden beisammen zu halten. Wachhunde bewachen „ihre" Menschenfamilien, Jagdhunde helfen den Jägern Wild aufzustöbern. Bei der Kriminalpolizei finden Hunde Vermisste und erschnuppern Rauschgift. Bei der Bergwacht retten Bernhardiner Menschen, die durch Lawinen verschüttet wurden. Wer stark sehbehindert oder blind ist, kann sich auf ausgebildete Blindenhunde verlassen, die sie oder ihn sicher durch den Straßenverkehr geleiten. Und ehe sich der erste Mensch ins Weltall wagte, tat das eine Hündin: Laika. Am 3. November 1957 sauste sie an Bord des russischen Satelliten Sputnik 2 mit 22-facher Schallgeschwindigkeit auf einer 1500 Kilometer hohen Umlaufbahn um die Erde. Laika war eine kleine Polarhündin mit 20 Zentimeter Schulterhöhe. Sie wurde nicht gefragt, ob sie ins All wollte, und hat ihre Reise nur ein paar Tage überlebt. Der italienische Tierschutzverein ehrt ihr Andenken mit einer Statue auf dem Hundefriedhof in Rapallo.

Killerwal

Vorsicht Gift!!!

Gib einem Hund oder einer Katze keine Schokolade zu essen. Denn was für uns Menschen eine Leckerei ist, ist für diese Tiere Gift. Schokolade enthält Theobromin. Für uns Menschen ist das ungefährlich, aber Hunde und Katzen können es nicht verdauen. Also sammelt es sich im Körper des Tiers an und kann zu Erbrechen, Durchfall, Kreislaufkollaps, Herzrasen, Taumeln und Müdigkeit führen. Abgesehen davon verursacht Schokolade bei Tieren ebenso wie bei Menschen Übergewicht und schlechte Zähne. Überleg mal: Würde ein Hund in freier Wildbahn so was wie Schokolade essen? Ach, dein Hund frisst bereits Schokolade und mag sie sehr? Gewöhn ihm diese Vorliebe wieder ab. Du tust ihm damit einen Gefallen.

Säugetiere im Wasser

In den vergangen 80 Millionen Jahren haben einige Raubtiere den Sprung ins Wasser gewagt. Sie waren die Ahnen unserer heutigen Wale, Robben und Seekühe. Diese Tierfamilien sind heute vom Aussterben bedroht. Sie gehören zu den Säugetieren, denn sie atmen Luft und gebären lebende Junge, die sie säugen. Man kennt heute noch rund 70 Walarten, zu denen auch die Delfine und Tümmler gehören, 30 bis 40 Robbenarten und vier Arten von Seekühen. Viele andere wurden bereits von Robbenjägern und Walfängern ausgerottet. Wale sind die größten lebenden Säugetiere. Blauwale werden bis zu 30 Meter lang. Aus ihren Vordergliedmaßen sind im Laufe der Jahrmillionen Brustflossen geworden, die hinteren Gliedmaßen und das Becken haben sich fast komplett zurückgebildet. Sie haben im Gegensatz zu **Fischen** eine waagerechte Schwanzflosse und oft weit über 200 Zähne im Maul. Wale werden trotz internationaler Verbote auch heute noch gejagt, obwohl ihr Fleisch wegen der Verschmutzung der **Meere** mittlerweile ziemlich giftig ist.

Känguru

Tiere im Beutel

Bei „Beuteltier“ fällt einem zuerst das Känguru ein, dann vielleicht noch der putzige Koalabär. Hmmm ... und was noch? Es gibt viel mehr Beuteltiere auf der Erde, als du denkst. Die meisten davon leben zwar in Australien, aber es gibt auch knapp 80 Arten in Amerika. Insgesamt leben auf der Erde heute noch 237 Arten von Beuteltieren: Fleischfresser wie den Tasmanischen Teufel, Pflanzenfresser wie den Koalabären und Allesfresser. Ihre Jungen sind bei der Geburt noch ganz unfertig und kommen zum Wachsen in den Beutel oder eine Hautfalte. Dort saugen sie sich sofort an einer Zitze fest, die im Mäulchen des Kleinen anschwillt. Daran hängt es dann wie an einem Druckknopf, damit es unterwegs nicht verloren geht.

Spanien – Kaninchenland

Kaninchen wanderten vermutlich vor Urzeiten aus Asien nach Europa ein und haben sich dort ausgebreitet. Auf der Flucht vor der Eiszeit haben sie sich nach Spanien zurückgezogen. Dort sahen die Phönizier sie um 1100 vor Christus zum ersten Mal. Sie dachten, es wären Klippschliefer, die sie aus ihrer Heimat kannten. Die Phönizier sprachen hebräisch, und das hebräische Wort für Klippschliefer ist Saphan. Also nannten sie das neu entdeckte Land Ishephanim, „Küste der Klippschliefer“ – aber eigentlich haben sie ja „Küste der Kaninchen“ gemeint. Als die Römer ein paar Jahrhunderte später Spanien eroberten, übersetzten sie diesen Namen ins Lateinische: Hispania und das heißt demnach auf Deutsch „Kaninchenland“.

Kaninchen

Seen

Seen sind wichtige Wasserreservoirs

Ein See ist ein natürlich entstandenes Gewässer ohne Abfluss und ohne direkte Verbindung mit einem der Weltmeere. Oft werden auch künstlich entstandene Gewässer wie Stauseen dazu gezählt und Seen wie der Bodensee, durch die ein Fluss – beim Bodensee ist es der Rhein – hindurchfließt.

Meere, die Seen sind

Manche Seen werden als **Meere** bezeichnet, weil sie so groß sind. Zum Beispiel der größte See der Erde, das Kaspische Meer. Er bedeckt eine Fläche von 371.000 Quadratkilometern zwischen dem iranischen Hochland und dem Kaukasus. Dieser See liegt 28 Meter tiefer als der Meeresspiegel und ist an seiner tiefsten Stelle 995 Meter tief. Sein Zufluss ist der größte Fluss Europas, die Wolga, die ins Kaspische Meer mündet. Trotzdem verdunstet sein Wasser immer schneller. Dadurch ist der Salzgehalt des Kaspischen Meers an seiner salzigsten Stelle schon bis auf 30 Prozent gestiegen. Damit ist es salziger als das Tote Meer (das in Wirklichkeit auch ein See ist), das eigentlich als der salzreichste See der Erde gilt.

See oder Teich

Teiche oder Weiher sind kleine, flache Seen. Meistens wurden sie künstlich angelegt, zum Beispiel als Garten- oder Mühlenteiche. Weil die Sonne in ihrem niedrigen Wasser meistens bis auf den Grund dringt, wachsen in Teichen mehr Algen und andere Unterwasserpflanzen als in den meisten Seen. Damit sind sie ein perfekter Lebensraum für viele Tierarten – so lange die Algen nicht allzu sehr wuchern und damit den übrigen Teichbewohnern den Sauerstoff stehlen.

Spuren von Vulkanen: Maare

Maare sind die Überreste von Vulkanausbrüchen: Der Krater, der einst Lava in die Luft geschleudert hat, ist ausgekühlt

PROBIER ES AUS!

Wie kannst du Süßwasser von Salzwasser unterscheiden, ohne es zu trinken? Mit zwei rohen Eiern. Fülle eins von zwei Gläsern mit Meerwasser (wenn du kein Meerwasser zur Hand hast, rühr einfach zwei Esslöffel Salz in ein Glas Leitungswasser ein) und eins mit Leitungswasser. Leg in jedes Glas ein Ei. Im Süßwasser wird es auf den Boden sinken, im Salzwasser nicht. Denn Salzwasser ist schwerer als das Ei. Deswegen schwimmt es darin. Süßwasser ist dagegen leichter als das Ei.

Teiche sind perfekte Lebensräume

Das Ufer eines Sees bietet vielen Tieren Schutz und Nahrung

und hat sich im Laufe späterer Jahrtausende mit Regenwasser gefüllt. Deswegen sind diese Kraterseen meistens ziemlich rund, oft trichterförmig und recht tief. Es gibt sie in verschiedenen Regionen der Erde. Von den rund 50 Maaren in der Eifel sind nur noch acht mit Wasser gefüllt. Die übrigen sind ausgetrocknet oder versumpft und oft nur noch für Fachleute zu erkennen.

Künstliche Seen

Stauseen entstehen, wo eine Mauer gebaut wurde, um das Wasser eines **Flusses** aufzustauen. Sie werden als Wasserspeicher genutzt und um mit dem Wasserdruck Strom zu erzeugen. Das ist ihre gute Seite. Andererseits aber geht alles zugrunde, was an dieser Stelle vorher war. Pflanzen, Tiere, die Heimat vieler Menschen. Ganze Dörfer müssen umgesiedelt werden, ehe Täler überflutet werden können. Jüngstes Beispiel ist der Drei-Schluchten-Stausee in China. Er kostet mehr als 20 Milliarden Euro und wird, wenn er 2009 fertig ist, der größte Stausee der Welt sein. Mit einer 185 Meter hohen Mauer wird der viertlängste Fluss der Erde, der Jangtsekiang, zu einem 632 Quadratkilometer großen See aufgestaut. In Deutschland würde er etwa das Gebiet zwischen Hamburg und München bedecken. Mit dem Druck dieser Wassermassen sollen 18,2 Millionen Kilowatt Strom produziert werden. Dafür haben mehr als eine Million Menschen ihre Heimat verloren und wertvolle Ausgrabungsstätten von der Steinzeit bis zur Quing Dynastie (1644-1911) sind für immer untergegangen.

Grüße von Nessie

Hast du schon mal vom Ungeheuer von Loch Ness gehört? Seit mehr als 70 Jahren liest man immer wieder darüber in den Zeitungen. Loch Ness ist nicht irgendein Loch, sondern ein 230 Meter tiefer See in Schottland. Am 14. April 1933 behauptete der erste Augenzeuge, er hätte dort ein riesiges unbekanntes Tier gesehen. So groß wie ein Wal sei es gewesen. Seitdem berichten immer wieder Leute von diesem Untier, auch ernst zu nehmende Wissenschaftler. Es gibt Fotos und Filme davon, auch Unterwasseraufnahmen im trüben Wasser des Sees, aber nirgends kann man es so ganz genau erkennen. Allerdings gibt es übereinstimmende Beschreibungen des Tiers. Es habe einen großen Körper, einen schlangenartigen Hals und einen saurierähnlichen Kopf. Ein Schwimmsaurier, der in der Einöde des Loch Ness überlebt hat? Was meinst du?

Wasserpflanzen

Sinnesorgane

Zu den klassischen fünf Sinnen zählen das Sehen, das Hören, das Schmecken, das Fühlen und das Riechen. Also gibt es fünf Sinnesorgane: Die Augen, die Ohren, die Zunge, die Haut und die Nase. Stimmt. Aber außerdem gibt es noch andere Sinnesorgane im Körper, zum Beispiel das Gleichgewichtsorgan im Ohr für den Gleichgewichtssinn.

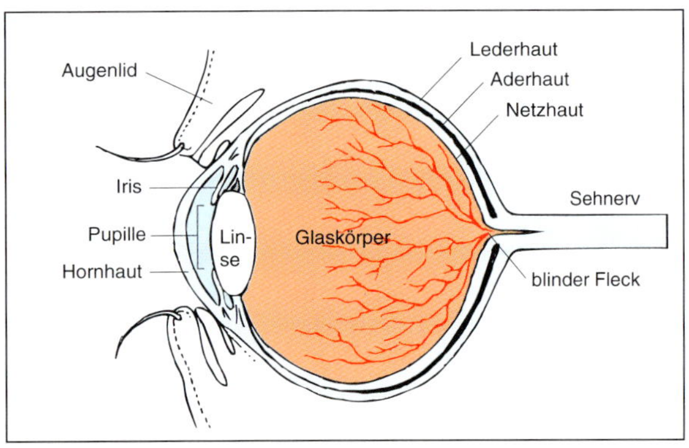

Auge

Augen – Fenster nach draußen

Deine Augen sind deine Fenster nach außen, durch die du die Welt um dich herum wahrnimmst. Bei Mensch und Tier funktionieren sie im Prinzip ähnlich: Mit den Sehzellen kannst du Lichtreize wahrnehmen. Ein Auge ist rund wie ein kleiner Ball. Seine äußere Hülle ist die so genannte Lederhaut. Dann folgt die Aderhaut, die das Auge über das Blut mit Sauerstoff versorgt. Innen ist es mit der Netzhaut ausgekleidet. Ausgefüllt ist das Auge mit dem so genannten Glaskörper. Vorn sitzt die Linse, durch die du schaust. Davor ist die Pupille, der kleine schwarze Punkt in der Mitte. Sie reguliert wie bei einer Kamera den Lichteinfall: Bei viel Licht zieht sie sich zusammen, in der Dämmerung wird sie größer, um das vorhandene Licht so gut wie möglich auszunutzen. Durch die Hornhaut fällt nun das Licht auf die Linse. Was du anschaust, wird auf der Netzhaut im Auge abgebildet. Du siehst.

Nachts sind alle Katzen grau

Um Farben zu sehen, braucht man Licht. Denn in weißem Licht sind alle Farben enthalten. Am besten beweist das ein Regenbogen: Du kannst ihn nur sehen, wenn nach dem Regen die Sonne scheint. Die Luft ist dann sehr feucht und voller kleiner Wassertröpfchen, in denen sich das Sonnenlicht bricht wie in einem Prisma. Damit werden die Farben im Licht als Regenbogen sichtbar. Auch dass der Himmel blau ist, hängt mit dem Sonnenlicht zusammen: Die Farben darin haben unterschiedliche Wellenlängen. Blau- und Vio-

HAST DU SCHON GEWUSST,

dass Kraken die größten Augen von allen Lebewesen haben? Die Augen des Riesenkraken können einen Durchmesser von bis zu 40 Zentimeter haben. Der Riesenkrake selbst wird bis zu neun Meter lang. Er lebt in den Tiefen der Meere und braucht so große Augen, damit er die winzigen Mengen Licht nutzen kann, die bis hier unten vordringen.

Um einen Regenbogen zu sehen, braucht man Sonne

letttöne sind kurzwellig, Rot- und Gelbtöne langwellig. Der Wasserdampf und die kleinen Staubpartikel in der Luft brechen das Sonnenlicht. Dabei breiten sich die kurzwelligen Strahlen weiter aus als die langwelligen – der Himmel sieht für unsere Augen blau aus. Wenn größere Staubpartikel in der Luft sind, werden nicht nur die kurzwelligen Strahlen gebrochen. Dann sieht der Himmel weiß bis trüb aus. Die Wolken wiederum bestehen aus unzähligen kleinen Wassertropfen. Darin werden alle Farben im Licht der Sonne gebrochen und deswegen sehen sie weiß aus.

Anderes Licht, andere Oberflächen – andere Farben

Im Herbst, im Frühling, bei einem roten Sonnenuntergang oder wenn das Zimmer von einer schwachen Lampe mit gelbem Licht beleuchtet wird, sehen die Farben plötzlich ganz anders aus. Beobachte das mal.

Je nach Oberfläche werden die einen Lichtstrahlen „geschluckt" und andere zurückgeworfen. Wir sehen nur diejenigen, die zurückgeworfen werden. Dann sieht etwas für uns rot oder grün oder blau aus. Wer „farbenblind" ist, nimmt die Wellen des Lichts anders wahr. Farbenblinde Menschen sehen durchaus Farben, aber Rot sieht für sie beispielsweise wie Grün aus und umgekehrt. Viele Tiere können gar keine Farben unterscheiden. Katzen zum Beispiel sehen die Grundfarben, aber keine feinen Farbunterschiede.

Rundum-Blick mit dem Facettenauge

Viele Insekten haben Facettenaugen. Sie sind halbkugelförmig und bestehen aus Hunderten bis Tausenden von Einzelaugen. Jedes davon schaut ein wenig in eine andere Richtung. Dadurch besteht das Bild, das beispielsweise ein Glühwürmchen von der Welt hat, aus vielen Puzzleteilchen.

PROBIER ES AUS!

Mach die Lichtwellen der Sonne sichtbar. Dazu brauchst du ein sauberes Glas, zur Hälfte mit klarem Wasser gefüllt, und ein Blatt weißes Papier. Geh damit an einem sonnigen Tag nach draußen und halte das Glas etwa sieben bis zehn Zentimeter über das Papier, so dass die Sonne voll darauf fällt. Probier ruhig ein wenig herum, bis du auf dem Papier die Farben des Regenbogens sehen kannst. Das Glas mit Wasser wirkt wie die Wassertropfen am Himmel, wenn der Regenbogen „entsteht", oder wie ein Prisma aus Glas: Es spaltet die Sonnenstrahlen auf und macht die darin enthaltenen Farben sichtbar.

Das Facettenauge einer Fliege besteht aus vielen Einzelaugen

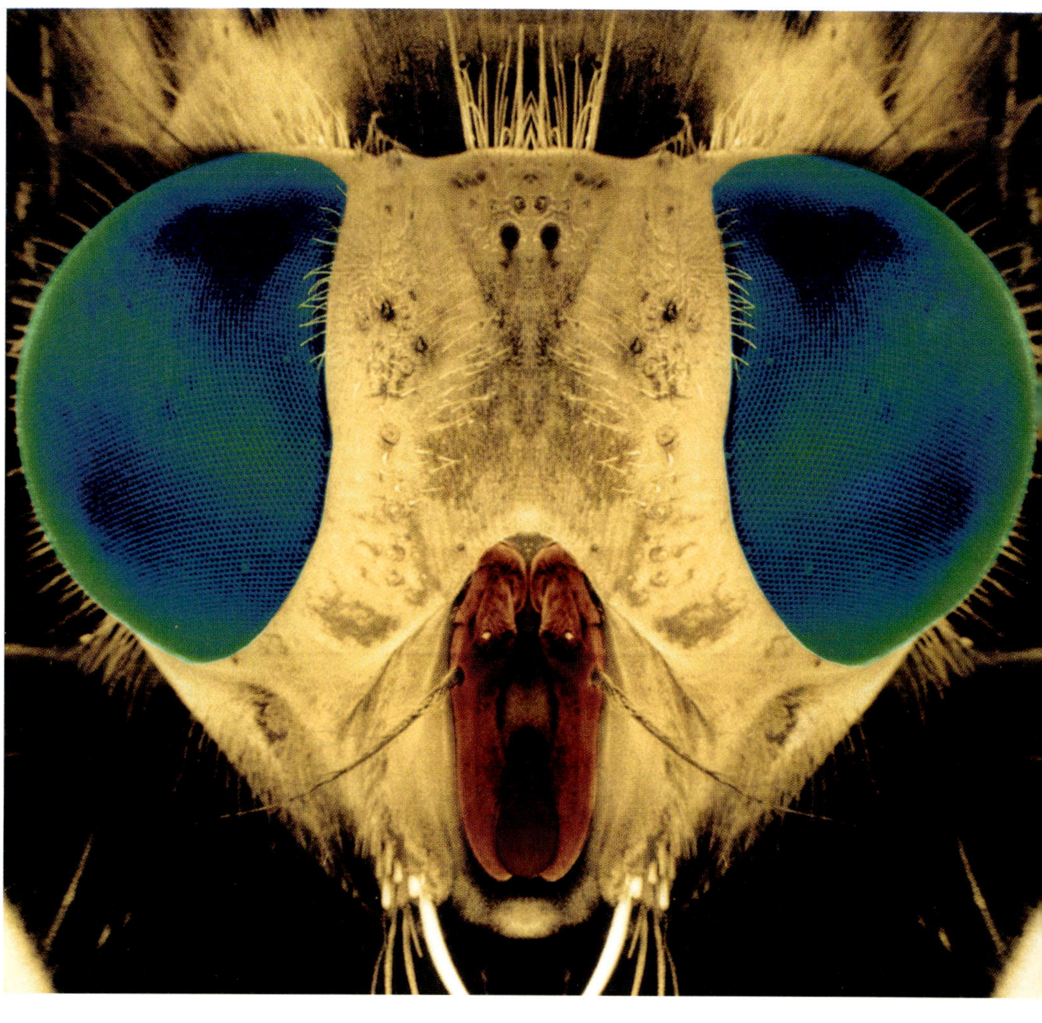

Ohren – durch den Trichter ins Gehirn

Menschen und die meisten Tiere haben zwei Ohren – damit sie hören, aus welcher Richtung ein Geräusch kommt. Die Ohrmuschel fängt jedes Geräusch wie ein Trichter auf und leitet es zum Mittelohr. Dort sitzt ein sehr dünnes Häutchen, das Trommelfell, das Geräusche in Vibrationen umsetzt und auf drei winzige Gehörknöchelchen überträgt. Durch einen winzigen gewunden Gang, die „Schnecke“, wird das Geräusch dann zu den Hörnerven im Innenohr „weitergefunkt“. Die übermitteln es an das Zwischenhirn, von wo es schließlich zum Hörzentrum gelangt. Die Großhirnrinde entschlüsselt schließlich die Bedeutung der Töne. So kompliziert und langwierig das klingt – es passiert in Sekundebruchteilen.

„Sehen“ mit den Ohren

Fledermäuse können im Dunkeln nicht besser sehen als du. Diese Nachtflugtiere orientieren sich, indem sie ununterbrochen über Mund und Nase Töne in Ultraschallhöhe ausstoßen, die so hoch sind, dass der Mensch sie nicht hören kann. Diese Töne werfen ein Echo zurück, das die Fledermäuse mit ihren großen Ohren auffangen. Kommen sie in die Nähe eines Hindernisses, klingt das Echo anders als in der freien Luft und sie können geschickt ausweichen. Beutetiere erzeugen ein besonderes Echo. So können Fledermäuse über ihre Ohren im Dunkeln „sehen“.

HAST DU SCHON GEWUSST,

dass die Ohren nicht nur zum Hören da sind? Darin sitzt auch unser Gleichgewichtsorgan, das so genannte Labyrinth. Es registriert empfindsam jede unserer Bewegungen und gibt die Information ans Gehirn weiter. Ungewohnte Bewegungen – zum Beispiel auf einem schaukelnden Schiff oder in einer Achterbahn – können unser Gehirn ganz schön durcheinanderbringen.

„Hören“ mit den Füßen

Elefanten unterhalten sich vorzugsweise in sehr tiefen Tönen, so genannten Infraschalltönen. Das ist das Gegenteil der Ultraschalltöne der Fledermäuse. Solche Tonfrequenzen werden nicht so leicht durch Hitze, Wind und Pflanzen verschluckt und tragen weit. Besonders wenn die Temperaturen sinken und der Wind nachlässt – in den kühlen Stunden der Morgen- und Abenddämmerung – bildet sich in Bodennähe ein hellhöriger Schallkanal, den wir Menschen gar nicht wahrnehmen. Aber die Elefanten! Sie empfangen die Infraschallsignale ihrer Artgenossen vermutlich über vibrationsempfindliche Organe an ihren Zehen und Füßen – und zwar über Entfernungen von bis zu zehn Kilometern.

Elefanten können mit den Füßen „hören“

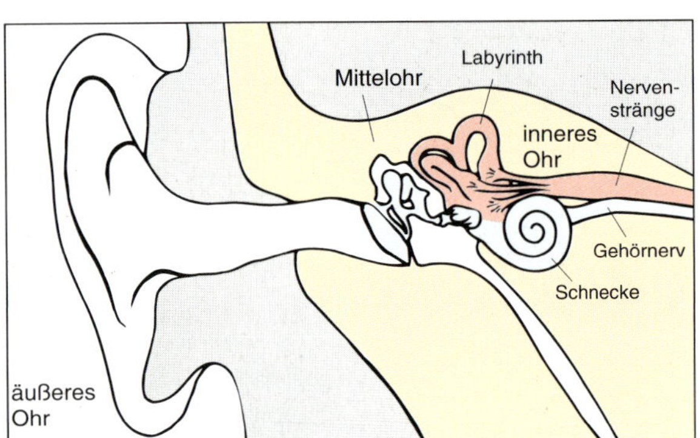

Ohr

Zunge – grob schmecken

Mit unserer Zunge unterscheiden wir süß und sauer, salzig und bitter. Denn auf dem beweglichen Organ in unserem Mund sitzen viele kleine Geschmacksknospen. Diese sind direkt mit unserem Gehirn verbunden und signalisieren ihm, was wir gerade im Mund haben. Aber die Zunge kann das nicht allein feststellen. Sie arbeitet dabei eng mit der Nase zusammen.

Nase – fein schmecken und riechen

Zum Riechen haben wir die Nase. Sie sitzt mitten im Gesicht und ist dafür zuständig, unseren Körper mit Sauerstoff zu versorgen, denn durch die Nase atmen wir. Du wirst aber auch festgestellt haben: Wenn du erkältet bist und die Nase verstopft ist, dann schmecken auch deine Lieblingsspeisen irgendwie fad, denn unsere Zunge allein kennt nur wenige Geschmacksunterschiede. In der Nase jedoch sitzen feine Riechzellen, die Tausende unterschiedlicher Gerüche unterscheiden können. Sie geben diese Riech-Informationen über die Riechkolben, das sind Verlängerungen der Riechzellen in der Nasenschleimhaut, an das Gehirn weiter.

Die Haut – unser größtes Organ

Mit der Haut fühlen wir Wärme und Kälte, Berührungen und Verletzungen, Streicheln und Stöße. Sie ist unser größtes Sinnesorgan. Ein Erwachsener hat im Durchschnitt zwei Quadratmeter Haut auf seinem Körper, und die wiegt immerhin rund zehn Kilogramm. Sie ist unsere Schutzschicht gegen Schmutz, Sonne, Kälte und Bakterien. In der Haut sitzen unter anderem Farbpigmente, das Melanin. Es sorgt dafür, dass die Haut bei Sonneneinstrahlung dunkler wird. Um gesund zu bleiben, brauchen wir nämlich eine gewisse Menge Sonne, aber zu viel davon ist schädlich. Je heller die Haut ist, um so mehr Sonne kann sie aufnehmen. Deshalb haben Menschen in Gegenden mit wenig Sonne meist hellere Haut. In sonnenreicheren Gegenden haben die Menschen dagegen zum Schutz gegen die Sonne häufig dunklere Haut.

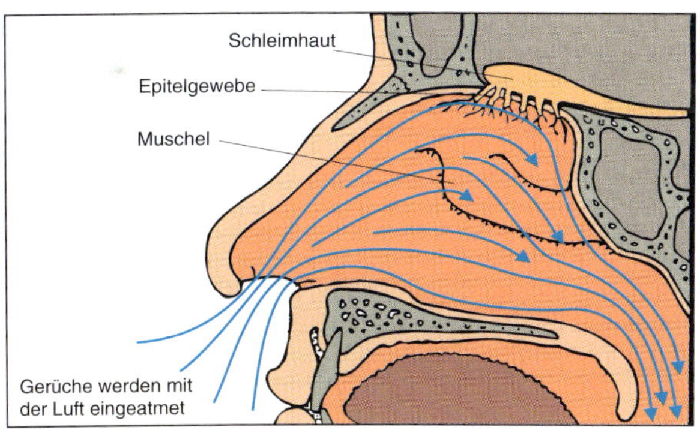

Nase

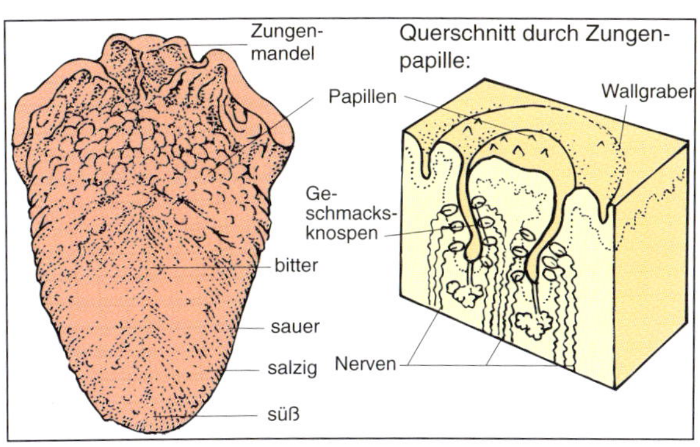

Zunge

Fledermäuse orientieren sich durch Ultraschallsignale

Die Sonne spendet der Erde Wärme

Die Sonne ist fast 150 Millionen Kilometer von der Erde entfernt. Über diese Entfernung spendet sie uns das Licht und die Wärme, die ein Leben auf unserem Planeten erst möglich machen.

Alles dreht sich

Wir wissen, dass sich die Erde um sich selbst und um die Sonne dreht und der **Mond** um sich selbst und um die Erde. Aber auch die Sonne dreht sich: Als kleiner Teil der Galaxie Milchstraße dreht sie sich in 250 Millionen Jahren einmal um das Zentrum dieser Milchstraße – mit einem Tempo von 230 Kilometern in der Stunde – und in 25 Tagen einmal um sich selbst.

Schwarze Löcher fressen Sonnen

Sonnen und **Sterne** haben sich vor Milliarden von Jahren bei der Geburt des **Universums** aus Wasserstoff gebildet. Seitdem „ernähren" sie sich von diesem Urstoff, einem Gas. Es kommt vor, dass eine Sonne ihren Wasserstoffvorrat aufbraucht. Dann schrumpelt sie zusammen wie ein alter Apfel und ihr gewaltiges Gewicht wird zu einem kleinen, kompakten Körper zusammengepresst. Schließlich wird sie so schwer, dass sie ein Loch in den Weltraum reißt. Dieses Loch saugt nun wie der Abfluss einer Badewanne alles in sich hinein: Kometen, Weltraumstaub, sogar Planeten. Auch das Licht wird von diesem Loch aufgesaugt. Deshalb erscheint alles schwarz und man spricht von schwarzen Löchern. Aber keine Angst: Unsere Sonne hat noch für Milliarden von Jahren genügend Brennstoff, ehe ihr mal die Puste ausgeht.

Gleißend hell

Die Sonne ist ein gleißend heller, heißer Ball aus Gas, auf dem ständig riesige Explosionen stattfinden. Auf ihrer Oberfläche ist sie etwa 5500 °C heiß und in ihrem Kern sogar unglaubliche 15 Millionen °C.

Sonnenfinsternis

Alle ein bis zwei Jahre gibt es irgendwo auf der Erde eine Sonnenfinsternis. Dann steht der Mond genau zwischen Erde und Sonne. Die Sonne ist weit von der Erde entfernt, der Mond aber wesentlich näher. Dadurch wirkt er so groß wie die Sonne und verdeckt sie für wenige Minuten. Es wird finster. Außer der totalen Sonnenfinsternis gibt es eine Ringfinsternis. Dabei leuchtet die Sonne als dünner Strahlenkranz hinter der dunklen Scheibe des Mondes hervor. Eine Sonnenfinsternis ist allerdings immer nur an einem bestimmten Punkt der Erde zu sehen. In Deutschland kannst du die nächste totale Sonnenfinsternis erst wieder im Jahr 2081 sehen.

HAST DU SCHON GEWUSST,

dass du niemals – niemals!!! – direkt oder durch ein Fernglas oder eine Kamera in die Sonne schauen darfst? Davon kannst du blind werden. Auch wenn du zum Beispiel eine Sonnenfinsternis beobachten willst, musst du eine Spezialbrille anziehen, die 99 Prozent des Sonnenlichts abschirmt.

PROBIER ES AUS!

Wie Tag und Nacht entstehen, weil sich die Erde dreht, kannst du selbst ausprobieren. Du brauchst dazu einen Apfel, eine Stricknadel und eine Taschenlampe. Steck die Stricknadel durch den Apfel, so dass sie an beiden Enden herausschaut. Markiere im oberen Bereich des Apfels einen Punkt, an dem ungefähr Deutschland liegen könnte. Dann hältst du das Ganze leicht schräg (weil die Erde leicht schräg um die Sonne kreist) und drehst es mit einer Hand, während du in der anderen die Taschenlampe von der Seite auf den Apfel hältst. Du wirst sehen: Wenn der Apfel auf einer Seite hell ist, liegt die andere im Schatten. Wenn du einen Globus zur Hand hast, musst du nichts weiter tun als ihn zu drehen.

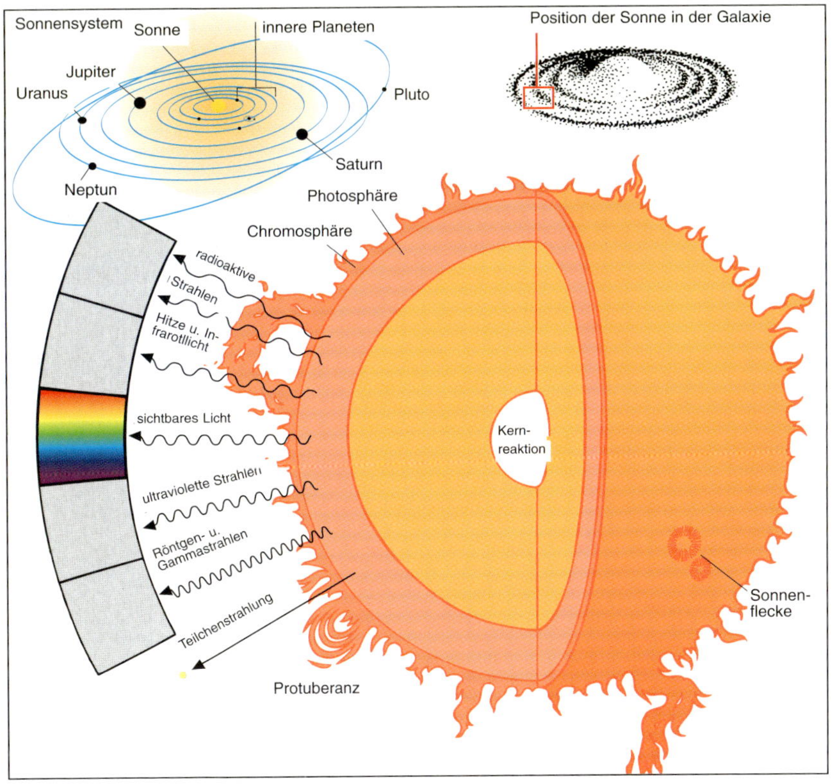

Sonne

Tag und Nacht

Für die Sonne gibt es nicht Tag und Nacht. Aber weil sich die Erde innerhalb von 24 Stunden einmal um sich selbst dreht, liegt jeder Teil von ihr in diesen 24 Stunden eine gewisse Zeit lang im Sonnenlicht. Wenn du morgens am Frühstückstisch sitzt und draußen die Sonne aufgeht, liegen die Menschen in den USA im Tiefschlaf, denn dort ist es dann mitten in der Nacht. Und in Australien essen sie zur selben Zeit gerade zu Abend.

Menschen mit empfindlicher Haut sollten die direkte Sonne meiden

Sonnenbrand

Wer in einem Land mit viel Sonnenschein lebt, hat eine dunklere Hautfarbe als jemand auf der nördlichen Erdkugel, wo die Sonne weniger Kraft und Ausdauer zeigt. Denn die Farbpigmente in der Haut sind ein natürlicher Schutz gegen die Sonne. Deshalb bräunt deine Haut, wenn du in die Sonne kommst. Wenn du allerdings besonders empfindliche Haut hast, die wenig Pigmente bilden kann, solltest du die pralle Sonne lieber meiden: Du bekommst sonst nämlich leicht einen Sonnenbrand. Die Haut verbrennt dabei ähnlich schlimm, als hättest du kochendes Wasser darüber geschüttet. Und genau so schlimm tut ein Sonnenbrand auch weh. Außerdem kann Sonnenbrand Hautkrebs auslösen.

Viele Tiere leben in der afrikanischen Steppe

Steppen sind trockene, baumlose Graslandschaften. In den USA heißen sie Prärien, in Afrika Savannen und in Südamerika Pampa. Nicht alle Steppen haben eine heißes Klima. Auch in kalten Regionen der Erde gibt es Steppen.

Wie Steppen entstehen

Die Ursache von Steppen ist seit Urzeiten Wassermangel. Regenwolken entstehen durch Verdunstung von Wasser, meist über den **Meeren**. Je weiter man ins Innere der **Kontinente** kommt, um so geringer wird ihre Zahl und ihr Feuchtigkeitsgehalt. Deshalb liegen dort die meisten Steppen und **Wüsten**. Manchmal verschlimmern Menschen allerdings den Wassermangel, zum Beispiel, indem sie den Lauf von **Flüssen** verändern oder **Bäume** fällen. Wo früher ein Fluss in langen Kurven große Regionen bewässert hat, fließt nach einer Flussbegradigung kein Wasser mehr und das Land trocknet aus. Wo Bäume abgeholzt und nicht durch neue ersetzt werden, kann die Erde kein Wasser mehr speichern. Es sind keine Wurzeln mehr da, die den fruchtbaren Boden festhalten könnten. Der Wind trägt ihn nach und nach davon – übrig bleibt eine unfruchtbare, ausgetrocknete Steppe.

HAST DU SCHON GEWUSST,

dass unsere Vorfahren vermutlich erst den aufrechten Gang gelernt haben, als sich die Steppen auszubreiten begannen und sie sich dieser neuen Umgebung anpassen mussten? Neuere Untersuchungen haben Wissenschaftler auf diesen Gedanken gebracht. Denn vor über einer Million Jahren wichen die dichten afrikanischen Urwälder nach und nach Graslandschaften. Bis dahin hatten die Vorfahren des heutigen **Menschen** offenbar tatsächlich überwiegend auf Bäumen gelebt.

Gene gegen Steppen

Steppen und Wüsten breiten sich auf der Erde in bedenklichem Umfang aus. Berechnungen der UNO (die Dachorganisation der Staaten der Erde) kommen zu dem Ergebnis, dass in den nächsten 50 Jahren die Hälfte des Ackerlands auf unserem Planeten versalzt sein wird, ebenso wie mehr als die Hälfte des Wassers, das in der Landwirtschaft benutzt wird. Warum das so ist, lässt sich am Beispiel der **Seen** ablesen, bei denen ebenfalls ein wachsender Salzgehalt beobachtet wird. Wissenschaftler setzen zur Lösung auf die **Gentechnik**. Ein israelisches Forscherteam hat beispielsweise ein Gen der Euphrat-Pappel isoliert, das diesen Baum gegen trockene Umwelt und salzhaltiges Wasser immun macht. Dieses

Geparden jagen in der Steppe nach Beute

Gen will man nun in andere Pflanzen einschleusen, zum Beispiel in Tomaten und Obstbäume, damit sie auch unter den künftig veränderten Bedingungen noch gedeihen können. Vielleicht kann man damit auch irgendwann einmal Steppen wieder begrünen.

VERSTEPPEN DIE REGENWÄLDER?

Die Naturschutzorganisation Greenpeace warnt davor, dass die „grünen Lungen der Erde", die Regenwälder, über kurz oder lang versteppen könnten. Immer noch werden jedes Jahr große Teile der Wälder abgeholzt. Dadurch verliert auch diese Region zunehmend Wasser. Wasser, das die Regenwälder nicht mehr verdunsten, geht dem weltweiten **Wasserkreislauf** verloren.

Zebras haben sich an die karge Umwelt angepasst

Sahel – rettendes Ufer?

Sahel ist ein arabisches Wort und bedeutet „rettendes Ufer". Der Name hängt wahrscheinlich damit zusammen, dass jemand, der aus der angrenzenden Sahara kommt, diese dürre Steppe als Küste des Sandmeers hinter sich empfindet. Denn in der Sahelzone gibt es immerhin ein wenig Gras. Dieses spärliche Grasland liegt zwischen der lebensfeindlichen Sahara im Norden und dem feuchten Savannengebiet im Süden. Es erstreckt sich über mehrere Staaten. Die Regenzeit ist im Sahel nur sehr kurz und unergiebig und häufig bleibt sie auch ganz aus. Ackerbau können die Menschen im Sahel nur mit Bewässerungssystemen betreiben – aber das Wasser ist knapp. Deshalb leben die meisten als Nomaden von kleinen Kamel-, Ziegen- und Schafsherden. Mit dem wenigen Holz von Sträuchern und Dorngestrüppen im Sahel füttern die Menschen aus Mangel an anderen Möglichkeiten ihre Feuer.

Prärien als Maisfelder

In den großen Steppen der USA, den Prärien, lebten früher Indianer von Millionen von Bisons. Beide – die Indianer und die Bisons – gibt es heute leider kaum noch. Heute werden die Prärien allerdings mit Erfolg landwirtschaftlich genutzt. Auf künstlich bewässerten riesigen Feldern wachsen Weizen, Mais und andere Produkte.

Springböcke finden auch in Steppen Nahrung

Sterne

Durch starke Fernrohre kann man Sterne beobachten

Sterne sind große glühende Kugeln aus Gas. Sie wirken für unser Auge nur so klein, weil sie weit weg sind. Alle Sterne am Himmel gehören zum **Universum**. Am besten können wir die sehen, die zum gleichen Sternensystem gehören wie die Erde: nämlich zur Milchstraße.

Keine Milch auf der Milchstraße

Die Milchstraße sieht man am Nachthimmel als schwach leuchtenden Schleier. Ihren Namen hat sie, weil sie ein bisschen milchig leuchtet. Sie ist eine Galaxie, das ist eine wirbelförmige Ansammlung von vielen Milliarden Sternen, und unsere Sonne mit allen Planeten ist ein Teil dieser Galaxie. Die Erde befindet sich in einem der äußeren Spiralarme, weit weg vom Zentrum der Milchstraße.

Weißt du, wie viel Sternlein stehen?

Schon mit bloßen Augen kannst du an einem klaren, mondlosen Himmel etwa 3000 Sterne erkennen. Mit einem Teleskop würdest du – wenn du so weit zählen willst – bis zu zehn Millionen sehen. Aber wir wissen heute, dass allein unsere Milchstraße schon aus 200 Milliarden Sternen besteht. Und im gesamten Universum gibt es noch viele Milliarden weitere solcher Galaxien.

Jeder Stern ein Sonnensystem

Was wir Sterne nennen, sind in Wirklichkeit Sonnen. Wie unsere **Sonne** bestehen sie aus Wasserstoff und Helium, das sind ganz leichte Gase, die ständig brennen. Und wie unsere Sonne ist jeder von ihnen der Mittelpunkt eines eigenen Sonnensystems: **Planeten** und Monde kreisen um sie. Unsere Sonne wirkt für uns nur deshalb größer als diese fernen Sonnen, weil sie uns viel näher ist. In Wirklichkeit sind viele dieser Sterne wesentlich größer als sie.

HAST DU SCHON GEWUSST,

dass unsere Sonne 1,7 Milliarden Mal in den größten bekannten Stern hineinpassen würde?

Farben im All

Sterne sind unterschiedlich heiß, und von ihrer Temperatur hängt ab, in welcher Farbe sie schimmern. Sterne, die blau wirken, sind zirka 35.000 °C heiß, die blau-weißen 20.000 °C, die gelbweißen 75.000 °C, die gelben 6000 °C, die orangefarbenen 5000 °C und die rötlich schimmernden 3000 °C.

Astronomen forschen

Menschen, die die Sonne, die Sterne und das ganze Weltall beobachten und erforschen, nennt man Astronomen. Sie benutzen dafür riesige Fernrohre. Schon die alten Ägypter haben ganz genau die Sonne und die Planeten beobachtet und dazu ziemlich exakte Berechnungen angestellt, die zum Teil noch heute aktuell sind. Der Astronom Nikolaus Kopernikus (1473–1543) war einer der ersten Europäer, die herausfanden, dass sich die Erde um die Sonne dreht. Bis dahin glaubte man nämlich, die Sonne und alle Planeten würden sich um die Erde drehen.

Astrologen weissagen

Schon seit dem Altertum haben die Menschen den Sternen magische Bedeutung gegeben.

Sie glaubten – und viele glauben das auch heute – dass es eine besondere Bedeutung hat, im Zeichen eines bestimmten Sternbildes geboren zu sein. Ein Astrologe berechnet genau die Stellung, in der die Sterne zur Geburtsstunde eines Menschen an seinem Geburtsort standen. Daraus leitet er ein Horoskop ab. Das ist eine Art Vorhersage über den Charakter und den Lebensweg des Menschen. Manche Menschen treffen auch heute noch keine wichtige Entscheidung, ohne vorher einen Astrologen zu fragen.

PROBIER ES AUS!

Warum sieht man die Sterne am Tag nicht? Finde es heraus! Du brauchst dazu einen Locher, ein Blatt farbiges Papier, einen großen Briefumschlag und eine Taschenlampe. Draußen sollte es dunkel sein, aber im Zimmer das Licht brennen. Mach ein Dutzend Löcher in das Papier und stecke es in den Briefumschlag. Leuchte es von hinten mit der Taschenlampe an. Was siehst du? Nicht viel. Mach das Licht aus und leuchte noch einmal. Nun siehst du die Sterne ... pardon: die Löcher durch den Briefumschlag. So ist das auch bei den Sternen. Sie sind immer da. Aber wenn das Licht an ist – wenn die Sonne scheint – siehst du sie nicht, weil das Sonnenlicht von uns aus gesehen heller leuchtet als die Sterne.

Darstellung der Sternzeichen

Sternschnuppen verglühen

Sternschnuppen sind winzige Staubkörner, die in rasendem Tempo durchs Weltall sausen. Manchmal trifft eins davon oder eine ganze Gruppe auf die Atmosphäre der Erde. Weil sie so schnell sind, reiben sie sich daran wie ein Zündholz an der Abriebseite des Zündholzschächtelchens – mit dem gleichen Ergebnis: Sie flackern kurz auf und verbrennen mit einem hellen Schweif. Ob es Glück bringt, eine Sternschnuppe zu sehen, weiß niemand. Auf jeden Fall bringt es kein Unglück, denn sie kann niemandem auf den Kopf fallen.

Unsere Milchstraße ist nur eine von Milliarden Galaxien im Weltall

Sümpfe

Sümpfe sind feuchte Gebiete, in denen man versinken kann, wenn man nicht aufpasst. Denn was wie fester Grund aussieht, ist oft nur eine mehr oder weniger dicke Schicht von Pflanzen, die verrottet und zu unsicherem Boden geworden sind. Auch überflutete Feuchtgebiete sind Sümpfe.

Wie ein Sumpf entsteht

Sümpfe entstehen entweder da, wo der Grundwasserspiegel besonders hoch ist, oder da, wo sich zu viel Wasser angesammelt hat, das nicht oder nur sehr langsam abfließen kann. Oder aber wenn Seen nach und nach zuwachsen. Dann fallen verblühte Uferpflanzen ins Wasser. Sie sinken auf den Grund und sammeln sich dort im Laufe der Zeit mit Algen zu dicken Schichten. Wenn der Sauerstoffgehalt im Wasser hoch ist, verrotten sie zu so genanntem Sumpfhumus. Diese nachgiebige, weiche Schicht kann einen See von den Rändern her nach und nach völlig zuschieben, bis er ganz versumpft ist. Sümpfe können auch entstehen, wenn Feuchtwiesen neben Flüssen ständig mehr oder weniger überflutet sind.

Orchidee

Vom See zum Sumpf

Immer mehr Seen versumpfen. Zum Beispiel der Aralsee in Zentralasien, der noch vor wenigen Jahrzehnten der viertgrößte See der Erde war. Zwei Flüsse versorgen ihn mit Wasser, der Amudarja und der Syrdarja. Seit den 1970er Jahren zweigen Bauern aber immer mehr von diesem Wasser ab, um ihre Baumwollfelder zu bewässern. Darum sinkt der Wasserspiegel im Aralsee ständig. Heute ist er nur noch der sechstgrößte See der Erde und versumpft an seinen Rändern immer mehr.

O Pantanal – der Sumpf

O Pantanal ist portugiesisch und bedeutet „der Sumpf". So heißt eines der größten Sumpfgebiete der Erde. Es liegt größtenteils in Brasilien und ist eigentlich ein riesiges Überschwemmungsgebiet. Jedes Jahr in der Regenzeit zwischen November und April überschwemmen Regen und über die Ufer tretende Gewässer etwa zwei Drittel seiner Fläche und es dauert danach ungefähr sechs Monate, bis alles wieder halbwegs getrocknet ist. Dadurch ist das Gebiet meistens mehr oder weniger nass. Das Pantanal ist die Heimat von rund 700 zum Teil seltenen Vogelarten (zum Vergleich: In ganz Europa leben nur etwa 500 Vogelarten) und eins der letzten Schutzgebiete für bedrohte südamerikanische Tiere wie Jaguar, Puma, Ozelot, Wolf, Riesenotter und Tapir. Auch die größte Schlange der

HAST DU SCHON GEWUSST,

dass Sümpfe nicht nur **Biotope**, also Lebensräume für viele Pflanzen- und Tierarten sind? Sie spielen auch eine wichtige Rolle im **Wasserkreislauf**. Wie Wälder und humusreiche Ackerböden können sie große Mengen Wasser speichern. Damit halten sie bei Hochwasser die Schäden in Grenzen.

Biber

In den Biebrza-Sümpfen leben Elche

Welt, die Anakonda, ist hier Zuhause.

Everglades in Gefahr

Die Everglades sind riesige Sümpfe mit tropischem Klima im südlichen Florida. Heute sind sie ein Nationalpark, aber zu Beginn des vorigen Jahrhunderts hielt man sie für wertloses, moskitoverseuchtes Land. Bewässert wurden die Everglades von einem rund 100 Kilometer breiten, nur wenige Zentimeter tiefen

Alligator

Waschbär

Abfluss des Lake Okeechobee, der in der Regenzeit regelmäßig überlief. Dieses Wasser floss sehr langsam ins Meer. Nach dem Zweiten Weltkrieg baute man einen Deich, um den See am Überlaufen zu hindern, und Kanäle, um die Mangrovenwälder zu entwässern. So wurde etwa die Hälfte der Everglades trocken gelegt, um Farmland zu gewinnen. Früher gab es Alligatoren in den Everglades, Otter und Waschbären, Rehe, Bären und Panther. Die Sümpfe waren ein Paradies für Vögel. In den letzten 20 Jahren ist die Zahl der Wattvögel um 90 Prozent zurückgegangen, Seekühe sind nahezu ausgerottet und nur noch 50 Panther streifen durch die Sümpfe. Inzwischen versuchen Naturschützer zu retten, was noch zu retten ist. Wenn sie aber die Sümpfe wirklich schützen wollen, wird das sehr teuer, denn fast jedermann in Südflorida holt sich Wasser aus den immer trockener werdenden Everglades.

Biebrza – wilder Fluss

Der Biebrza ist wild, weil er im Gegensatz zu den meisten anderen Flüssen so fließt, wie er schon immer floss. Natürlich. Mit vielen Schlenkern, toten Armen, Sumpfland dazwischen. Also frei und ungebändigt. Die Biebrza-Sümpfe liegen in Polen und wurden nie entwässert. Deshalb sind sie heute das besterhaltene Feuchtgebiet in Europa. Damit das so bleibt, hat Polen sie unter Naturschutz gestellt. Hier gibt es Elche und Biber, Schwarzstörche, Orchideen, Schelladler und Seeschwalben – kurz: einen Artenreichtum, von dem andere europäische Regionen nur noch träumen können.

Bär

Treibhauseffekt

Ohne den Treibhauseffekt gäbe es kein Leben auf der Erde: Er sorgt dafür, dass die Erde nicht auskühlt, dass Pflanzen, Menschen und Tiere hier leben und gedeihen können. Aber zu viel des Guten ist ungesund: Wir müssen mittlerweile aufpassen, dass der Treibhauseffekt nicht zu stark wird.

Lagerfeuer

Treibhauseffekt, natürlich

Die Erde ist von einer Schutzhülle aus Luft umgeben, der **Atmosphäre**. Sie lässt die Strahlen der **Sonne** fast ungehindert zu uns durchdringen, damit sie die Erdoberfläche erwärmen. Anschließend strahlt unser Planet diese Wärme aber wieder in Richtung Weltraum ab. Er würde auskühlen, würden nicht bestimmte Bestandteile der Luft einen Teil dieser Wärme festhalten. Sie wirken wie das Glasdach eines Treibhauses, das ebenfalls die Sonnenstrahlen hinein, die Wärme aber nicht wieder herauslässt. Deshalb werden diese gasförmigen Luftbestandteile Treibhausgase genannt. Wasserdampf, Kohlendioxid, Methan und **Ozon** sind solche Treibhausgase. Sie sorgen dafür, dass die Erde nicht ebenso auskühlt wie andere **Planeten** in unserem **Universum**.

Treibhauseffekt, unnatürlich

Der natürliche Anteil der Treibhausgase in der Erdatmosphäre hat sich in den letzten 150 Jahren etwa verdoppelt. Grund dafür ist die Industrialisierung und der in diesem Zusammenhang stark gestiegene Anteil von Kohlendioxid in der Luft. Denn Kohlendioxid entsteht unter anderem, wenn etwas verbrannt wird, zum Beispiel, um **Energie** zu gewinnen. In Autos wird beispielsweise Benzin verbrannt.

PROBIER ES AUS!

Du kannst einen Treibhauseffekt mit einfach Mitteln nachbauen. Dazu brauchst du nur eine größere durchsichtige Plastiktüte, zwei Zimmerthermometer und einen sonnigen Tag. Steck das eine Thermometer in die Plastiktüte und knote sie fest zu. Dann legst du das Ganze in die Sonne und daneben das andere Thermometer. Nach einer Viertelstunde wirst du feststellen, dass das Thermometer in der Tüte eine höhere Temperatur anzeigt. Der Grund ist, dass durch den Knoten nur ein Teil der Wärme entweichen kann, die sich in der Tüte gebildet hat.

Eisberge

Immer mehr Autos tragen mit ihren Abgasen deshalb dazu bei, die Menge der Treibhausgase in der Luft zu erhöhen. Dazu kommt, dass die Weltbevölkerung ständig wächst. Mehr Menschen verbrennen mehr Holz, Kohle, Gas und **Erdöl**, um zu heizen oder ihr Essen zu kochen. Gleichzeitig werden immer mehr **Bäume** vernichtet, **Wüsten** breiten sich aus und das verschärft die Situation. Denn Pflanzen filtern Kohlendioxid aus der Luft und verwandeln sie im Prozess der **Fotosynthese** in Sauerstoff. Wenn es weniger Pflanzen gibt verändert das die Zusammensetzung der Luft und erhöht ihren Anteil an – ursprünglich positiven – Treibhausgasen.

Sonnenstrahlen erwärmen die Erde

Der Treibhauseffekt verändert das Weltklima

Wissenschaftler haben ausgerechnet, dass sich die Temperatur auf der Erde im 20. Jahrhundert durch den verstärkten Treibhauseffekt um ein halbes Grad erhöht hat. Sie gehen davon aus, dass diese Erwärmung zu mehr Naturkatastrophen durch Stürme und Überschwemmungen führen kann. Wenn die Erwärmung noch stärker wird, fürchten sie, dass das Eis in den **Polarregionen** ebenso schmilzt wie das der **Gletscher** anderswo auf der Erde. Andere Wissenschaftler befürchten allerdings einen entgegengesetzten Effekt. Sie sagen eher eine weitere Abkühlung der Erde voraus, weil sie davon ausgehen, dass die Schmutzpartikel in der Luft verhindern, dass ausreichend Sonne zu uns durchdringt. Das könnte zu einer stärkeren Abkühlung führen.

Weltklimagipfel

Seit Jahren treffen sich regelmäßig Abgeordnete aus vielen Ländern der Erde. Sie suchen nach gemeinsamen Wegen, um den Treibhauseffekt zu beschränken. Damit wollen sie das Klima der Welt für die Zukunft schützen. Im Dezember 2004 beschlossen sie in Buenos Aires in Argentinien, das Wetter weltweit besser zu beobachten und sich gegenseitig dabei zu unterstützen, weniger Kohlendioxid zu produzieren. Außerdem haben sie beschlossen, bessere vorbeugende Maßnahmen zu entwickeln, um die Folgen von **Naturkatastrophen** zu verringern. In einem internationalen Vertrag verpflichten sich bisher 132 Staaten, bis 2012 mindestens fünf Prozent weniger Treibhausgase in die Atmosphäre zu entlassen als 1990. Dieser Vertrag heißt Kyoto-Protokoll, weil er in der japanischen Stadt Kyoto verfasst worden ist. Leider haben sich ausgerechnet die größten Treibhausgas-Produzenten, die Vereinigten Staaten von Amerika, diesem Abkommen bisher nicht angeschlossen.

Tsunamis

Tsunamis sind riesige Meereswellen, die zu den schlimmsten **Naturkatastrophen** der Erde gehören. Zehntausende kamen dadurch allein im vergangenen Jahrhundert um, ganze Küstenstriche wurden verwüstet, Gebäude zerstört und Ernten vernichtet.

„Lange Hafenwelle"

Tsunami ist ein japanisches Wort und bedeutet übersetzt „lange Hafenwelle". Die Welle entsteht zwar weit draußen im Meer, ist dort aber kaum wahrzunehmen. Je näher sie dem Land kommt, um so mehr wächst sie durch den Reibungswiderstand der Küste. Ein Tsunami kann 10.000 Kilometer Meer scheinbar harmlos hinter sich bringen, ehe er an einer Küste seine zerstörerische Kraft entfaltet. Küstenzonen, die nur wenige Meter über dem Meeresspiegel liegen, sind ihm hilflos ausgeliefert. Diese Riesenwellen können bis zu 40 Meter hoch werden und wischen einfach alles weg, was ihnen im Weg steht. Allerdings dringen sie selten tiefer als einen Kilometer ins Landesinnere vor.

PROBIER ES AUS!

Wenn du das nächste Mal in der Badewanne sitzt, kannst du dir in etwa vorstellen, wie ein Tsunami entsteht. Knall einfach unter Wasser die Beine zusammen. So ungefähr ist es im Großen, wenn zwei Erdplatten aneinander stoßen. Du wirst sehen, wie hoch die Wellen in der Wanne spritzen – besonders wenn du diese Bewegung wiederholst. Auch echte Tsunamis kommen meistens in mehreren aufeinander folgenden Wellen.

Große Ursache – zerschmetternde Wirkung

Lange Zeit dachte man, Tsunamis seien Flutwellen. Heute weiß man, dass sie mit den Gezeiten nichts zu tun haben. Ausgelöst werden sie durch **Erdbeben** auf dem Meeresboden oder durch Vulkanausbrüche. Der Pazifik heißt sehr zu Unrecht der „Stille Ozean". Gerade in diesem Gebiet ist die Erde besonders unruhig. Denn hier stoßen mehrere der so genannten tektonischen Platten aneinander. Aus diesen Platten bestehen sowohl die **Kontinente** als auch die Meeresböden. Sie schwimmen auf flüssigglühendem Magma. Wenn sie sich bewegen, entsteht jedes Mal ein Erdbeben – auch auf dem Meeresgrund. Auch aktive **Vulkane** gibt es in dieser gar nicht stillen Gegend der Erde in großer Zahl. Deshalb kommt es im Pazifik besonders häufig auch zu Tsunamis.

Tsunamis werden durch Erdbeben am Meeresgrund ausgelöst

Der Krakatau

Aber auch der Indische Ozean ist eine unruhige Gegend: 1883 brach der Krakatau aus, ein indonesischer Inselvulkan zwischen Sumatra und Java. Riesige Mengen Asche und Gestein flogen in die Luft mit einem Knall, der so laut war, dass man ihn bis ins

Der Vulkan Krakatau in Indonesien

2000 Kilometer entfernte Australien hörte. Zwei Drittel der Vulkaninsel stürzten daraufhin ins Meer und lösten damit eine 37 Meter hohe Flutwelle aus – einen Tsunami. Er zerstörte auf den umliegenden Inseln 300 Dörfer und tötete etwa 36.000 Menschen. Die dadurch entstandene Luftdruckwelle umrundete die gesamte Erde einmal komplett und konnte sogar in Europa gespürt werden. Überall auf der Erde waren im Anschluss an die Katastrophe die Sonnenuntergänge durch Asche- und Staubwolken verfärbt. Erst Jahre später hatte die **Atmosphäre** sich wieder erholt. Dies war einer der stärksten Vulkanausbrüche der erdgeschichtlichen Neuzeit.

Warnzeichen

Tsunamis kündigen sich durch die sprichwörtliche Ruhe vor dem Sturm an. Zunächst steigt und fällt der Wasserspiegel mehrmals schnell um einen oder zwei Meter. Spätestens wenn man plötzlich Riffe und Felsen über einen etwas längeren Zeitraum sehen kann, die sonst von Wasser bedeckt sind, wird es höchste Zeit, sich in Sicherheit zu bringen. Meistens folgen einer ersten Riesenwelle weitere, oft sogar noch größere. Im Pazifik gibt es Frühwarnsysteme, mit denen man einigermaßen sicher vor Tsunamis warnen kann. In Japan sorgen regelmäßige Übungen dafür, dass die Gefahr eines Tsunami den Menschen ständig im Bewusstsein bleibt, denn auf den japanischen Inseln bebt die Erde oft. Schon in den Schulen lernen die Kinder die Warnzeichen rechtzeitig zu erkennen und wie sie sich bei Tsunamis verhalten müssen.

Indischer Ozean 2004

Am zweiten Weihnachtsfeiertag 2004 ereignete sich im Indischen Ozean eines der stärksten Seebeben, die bisher überhaupt je gemessen wurden. Es war mit bis zu 9,0 auf der Richterskala das stärkste Beben seit etwa 40 Jahren. Die Folge war eine meterhohe Flutwelle, die die Küsten von Südindien, Sri Lanka, Thailand, den Malediven, Indonesien und sogar Somalia überschwemmte und weit mehr als 280.000 Menschenleben kostete. Millionen Menschen verloren all ihr Hab und Gut und wurden obdachlos, Straßen, Brücken, ganze Dörfer und Städte wurden buchstäblich vom Erdboden gewischt.

Tsunamis werden erst in Ufernähe zu riesengroßen Wellen

Umweltschutz

Umwelt ist alles, was uns umgibt. Menschen, Tiere und Pflanzen gehören dazu. Aber auch der Boden, das Wasser, die Luft, die gesamte Natur ist unsere Umwelt. Sie umfasst die ganze Erde. Sie zu schützen und zu erhalten ist die Aufgabe der Umweltschützer – und eines jeden von uns.

Die Atmosphäre

Seit Jahren bemühen sich viele Länder der Erde um eine gemeinsame Umweltpolitik, um die Atmosphäre und damit die Qualität unserer Luft zu schützen und um zu verhindern, dass das Loch in der Ozonschicht immer größer wird. Dazu haben sie ein so genanntes Klimaschutzabkommen geschlossen. Darin haben sie unter anderem vereinbart, weniger Kohlendioxid in die Luft entweichen zu lassen. Sie wollen damit erreichen, dass die Erde sich nicht noch mehr erwärmt. Allerdings sind die USA nicht bereit, hier aktiv mitzumachen – obwohl sie weltweit für den größten CO_2-Ausstoß verantwortlich sind.

Wälder und Meere

Um den lebensnotwendigen Sauerstoff zu erzeugen, sind wir ganz besonders auf intakte Wälder und Meere angewiesen. Sie bilden durch die **Fotosynthese** den größten Teil dieses Sauerstoffs. Gerade diese wichtigen Lebens-

ÜBER 40 JAHRE WWF

Der WWF wurde 1961 in der Schweiz als World Wildlife Fund gegründet. Seit 1987 nennt sich diese Umweltstiftung World Wide Fund for Nature. Sie ist heute mit weltweit vier Millionen Mitgliedern eine der größten unabhängigen Naturschutzorganisationen der Welt und in fast 100 Ländern vertreten. Überall engagiert sie sich dafür, die biologische Vielfalt auf unserem Planeten zu erhalten. Dazu gehört der Schutz der Wattenmeere ebenso wie die Wiederaufforstung der Regenwälder. Auch in Deutschland ist der WWF sehr aktiv.

Intakte Meere sind notwendig, damit es auf der Erde genügend Sauerstoff gibt

Urwälder sind besonders durch Umweltverschmutzung gefährdet

PROBIER ES AUS!

Du kannst dazu beitragen, Strom und Wasser zu sparen. Das fängt bei ganz kleinen Dingen an – aber ein Vielfaches von wenig ergibt viel, wie unsere Großeltern sagten. Dreh das Wasser ab, während du deine Zähne putzt. Erst zum Mundspülen brauchst du es wieder. Das Gleiche gilt beim Duschen, solange du dich einseifst. Dir fallen sicher noch mehr Gelegenheiten ein, um Wasser zu sparen, wenn du darüber nachdenkst. Mit dem Strom ist es ähnlich. Wenn in einem Raum niemand ist, muss dort auch kein Licht brennen. Ein Computer muss nur so lange laufen, wie daran gearbeitet wird. Elektronische Geräte wie Radios oder Fernseher verbrauchen eine Menge überflüssigen Strom im Stand-by-Modus. Überlegt doch mal in der Schule gemeinsam, wie ihr auch dort Strom und Wasser sparen könnt. Einige Schulen haben aus diesem Thema interessante Schulprojekte gemacht. Mehr darüber findest du im Internet.

grundlagen werden aber immer mehr zerstört. Regenwälder werden abgeholzt oder durch sauren Regen und andere Schadstoffe in der Luft schwer geschädigt. Die Meere werden immer wieder als Müllkippen missbraucht, indem giftige Abfälle einfach hineingeschüttet werden. Dagegen wehren sich immer mehr Menschen.

UMWELTSCHUTZORGANISATIONEN

Greenpeace ist eine internationale Umweltschutzorganisation, die 1971 in Vancouver in Kanada gegründet wurde. Immer wieder tritt sie überall auf der Erde mit gewaltfreien, aber besonders auffälligen Aktionen an die Öffentlichkeit, um die Menschen auf Umweltverschmutzung und -zerstörung aufmerksam zu machen und die Ursachen dafür möglichst zu beseitigen. Greenpeace hat in vielen Staaten eigene Büros. Das deutsche Büro ist in Hamburg.

Im Jahr 2004 wurde zum ersten Mal eine Umweltschützerin mit dem Friedensnobelpreis ausgezeichnet. Wangari Maathai hat die **Grüngürtelbewegung** (**Green Belt Movement**) gegründet, die sich dafür einsetzt, dass die Wälder in Afrika geschützt und wieder aufgeforstet werden. Das Nobelpreiskomitee hat erkannt, dass Umweltschutz und Frieden eng zusammenhängen, und der Kenianerin deshalb diesen Preis zugesprochen.

Auch der deutsche Wald ist krank

Jeder, der aus einem südlichen Land zum ersten Mal nach Deutschland, Österreich oder in die Schweiz kommt, freut sich darüber, wie wunderbar grün bei uns alles ist. Leider trügt der Schein: Nur noch etwa jeder vierte deutsche Baum ist gesund. Das ergab der Waldzustandsbericht 2004. Schuld daran sind vor allem die extreme Hitze und Trockenheit im Jahr 2003, aber auch die Tatsache, dass die Böden mit zu vielen Schadstoffen belastet sind. Eine Möglichkeit, mit der jeder Einzelne dazu beitragen kann, dass die Bäume wieder gesünder werden: Energie sparen, sowohl beim Autofahren als auch beim Stromverbrauch.

Umweltverschmutzung

Wasser ist das wichtigste Element auf der Erde

Die Umwelt – das ist der Lebensraum von Menschen, Tieren und Pflanzen. Die Luft, das Wasser und der Boden zählen dazu. Wenn wir gesund bleiben wollen, müssen wir dafür sorgen, dass unsere Umwelt gesund bleibt.

Es beginnt vor der eigenen Haustür

In manchen Gegenden liegen Tüten vom Hamburger-Restaurant, Glas- und Plastikflaschen oder andere Verpackungen einfach so am Straßenrand, weil jemand sie achtlos weggeworfen hat. Hier fängt Umweltschutz an: Müll gehört in Mülleimer und Papierkörbe und nicht in die Umwelt. Auch Autofahrer, die vor einer roten Ampel den Motor ausschalten, tun etwas gegen Umweltverschmutzung.

Gute Luft ...

Der Mensch kann zur Not wochenlang ohne Nahrung auskommen und ungefähr drei Tage ohne Wasser. Aber ohne Luft kann er nur wenige Minuten existieren. Unsere **Atmosphäre** besteht aus Luft. Sie ist unsichtbar, und im Idealfall riecht sie auch nicht. Aber sie besteht natürlich aus irgendetwas: aus Gasen. Etwa zu einem Fünftel besteht sie aus Sauerstoff. 78 Prozent der Luft sind Stickstoff und der Rest ist eine Mischung aus vielen anderen Gasen, von denen das Kohlendioxid weniger als ein halbes Prozent ausmacht. Normalerweise.

... schlechte Luft

Die Zahl der Menschen auf der Erde hat sich in den letzten 200 Jahren etwa verdreifacht. Gleichzeitig schritt die Industrialisierung immer schneller voran. Deshalb wird heute viel mehr **Energie** benötigt als früher. Überwiegend erzeugen wir sie, indem wir Kohle, **Erdöl** oder Erdgas verbrennen. Dadurch entsteht viel mehr Kohlendioxid als früher. Fabriken stellen viele Dinge her, die es in früheren Zeiten nicht gegeben hat. Auch dabei entstehen Abfallstoffe, einige davon in Gasform, wie zum Beispiel Schwefel- und Salpetersäure. Allzu oft werden Abgase durch hohe Schornsteine einfach in die Luft geblasen. Daraus entsteht der saure Regen. Und die Luft ist voller Schmutz und Staub.

PROBIER ES AUS!

Du kannst leicht beweisen, wie schmutzig die Luft dort ist, wo du lebst. Nimm einfach eine Dose oder Tasse und lege ein weißes Blatt Papier oder ein Papiertaschentuch hinein. Das stellst du eine Woche lang ins Freie. Und dann schau dir unter der Lupe genau an, wie weiß das Papier noch ist.

Saurer Regen ist wie Essig

Dass die Atmosphäre trotz all dem noch ziemlich intakt ist, kommt daher, dass sie giftige Abgase zusammen mit Regen, Schnee, Hagel oder Nebel wieder zurück

Zwei Drittel der Erdoberfläche sind mit Wasser bedeckt

Biber im Wasser

PROBIER ES AUS!

Wie kann das Meer verschmutzt sein, wenn es doch an vielen Stellen so sauber aussieht? Finde es heraus. Dazu brauchst du Leitungswasser, eine große, klare Glasflasche, ein Wasserglas, einen Teelöffel und etwas blaue Wasserfarbe. Mische auf dem Teelöffel ein paar Tropfen Wasser mit ein wenig Wasserfarbe. Fülle ein halbes Glas klares Wasser in die Flasche und lass die aufgelöste blaue Farbe hineintropfen. Das Wasser in der Flasche ist hellblau. Gieße mit dem Glas langsam klares Wasser nach – die Farbe wird immer blasser, je mehr du sie verdünnst. Zum Schluss kannst du sie gar nicht mehr sehen. Aber sie ist im Wasser. Du weißt es, du hast sie schließlich selbst hineingetan. Der Schmutz, den die Menschen ins Meer schütten, verdünnt sich genau so. Aber er ist da, und er macht Wasserpflanzen und Tiere krank.

auf die Erde schickt. Dort sickert die belastete Feuchtigkeit in die Böden. Dieser so genannte saure Regen kann so ätzend sein wie Essigsäure. Im Boden entstehen dadurch Gifte, die Pflanzen und Tiere krank machen, wie zum Beispiel Quecksilber. Ähnlich wirken auch andere Abfallstoffe, die zum Teil über Mülldeponien in das Grundwasser gelangen. In manchen europäischen Städten wurde schon Regen gemessen, der so sauer wie Zitronensaft war (2,3 auf der pH-Skala). Der saure Regen schädigt zum Beispiel auch Gebäude und Autolacke.

Lebensgrundlage Wasser

Wasser ist das wichtigste Element auf der Erde. Mehr als zwei Drittel der Erdoberfläche sind damit bedeckt. Alles Leben kommt ursprünglich aus dem Wasser – und alles Leben besteht zum größten Teil aus Wasser. Du zum Beispiel bestehst wie jeder Mensch zu mehr als zwei Dritteln aus Wasser. Sauberes Wasser ist unser wichtigstes Lebensmittel und das wertvollste Gut der Erde. Deshalb ist es so wichtig, es zu schützen und nicht weiter zu verunreinigen. Schon heute sind die **Meere** viel zu sehr durch Gifte belastet, die immer noch einfach so hineingekippt werden. Auch **Flüsse**, Bäche und **Seen**, wichtige Lebensräume vieler Tier- und Pflanzenarten, müssen vor Verschmutzung und Zerstörung geschützt werden.

Ente auf dem Nest

Universum

Das Universum ist das Weltall. Es besteht aus unendlich vielen **Sternen** und Galaxien. Allein die Milchstraße ist eine Ansammlung vieler einzelner Sonnensysteme. Unser Sonnensystem ist nur ein kleiner Teil davon.

Der Anfang war eine Urwolke

Als die Milchstraße etwa sieben Milliarden Jahre alt war, entstand unser Sonnensystem. Das ist ungefähr 4,6 Milliarden Jahre her. Wo heute unser Sonnensystem mit seinen Planeten und Monden ist, drehte sich zu dieser Zeit eine riesige Wolke langsam um sich selbst. Zum größten Teil bestand sie aus Gasen: Wasserstoff und Helium. Aber auch schwere Elemente gehörten zu dieser Urwolke, zum Beispiel Eisen und Kohlenstoff. Die Bestandteile der Urwolke zogen sich gegenseitig an. Sie ballte sich zusammen und drehte sich gleichzeitig immer schneller um sich selbst.

Galaxie

Eine Scheibe vom Universum

Schließlich wurde die Urwolke zu einer Scheibe, in deren Mitte unsere **Sonne** entstand. Das sehen wir heute noch an der Form unseres Planetensystems: Alle großen **Planeten** kreisen ungefähr auf der gleichen Ebene um die Sonne – in einer gemeinsamen Richtung, der Richtung der Urscheibe. Während die Sonne entstand, klumpten sich andere Teile der Wolke zu Brocken zusammen, die nach und nach zu unseren heutigen Planeten anwuchsen. Je mehr Masse so ein Brocken hatte, umso mehr Materie konnte er aus der Wolke an sich ziehen. Durch die unvorstellbar große Hitze der jungen Sonne wurden die meisten leichten Gase, besonders Wasserstoff, an die äußeren Ränder des neuen Sonnensystems katapultiert. Um kleinere Brocken herum bildeten sich daraus Planeten wie der Jupiter und der Saturn.

Astronauten und Kosmonauten

Die Menschen versuchen seit den 50er Jahren des vorigen Jahrhunderts das Universum zu erforschen. Dazu jagen sie Satelliten ins All und mittlerweile auch ganze Raumstationen. In denen leben monatelang Wissenschaftler und Techniker, die mit unterschiedlichsten Messungen, Beobachtungen und Experi-

Weltraum-Satelliten helfen, das Universum zu erforschen

HAST DU SCHON GEWUSST,

dass Astronauten im Weltraum von den Strahlen der Sonne verbrannt würden, wenn sie nicht diesen großen, unförmigen Schutzanzug tragen würden? Auf der Erde schützt uns die Atmosphäre, besonders die Ozonschicht, vor diesen Strahlen. Die gibt es im All nicht.

Neil Armstrong auf dem Mond

menten mehr über das Universum herausfinden wollen. Die amerikanischen Weltraumreisenden heißen Astronauten, die russischen werden Kosmonauten genannt – nach dem Wort Kosmos, das ebenfalls All oder Universum bedeutet. Diese Weltraumforscher müssen vor ihrem Start eine lange und komplizierte Ausbildung mitmachen.

Satelliten

Satellit ist ein lateinisches Wort. Es bedeutet „Leibwächter". Astronomen, die Himmelsforscher, benutzen das Wort für kleinere Himmelskörper, die größere umkreisen. Die Erde ist ein Satellit der Sonne, der **Mond** ein Satellit der Erde. Mittlerweile umkreisen auch viele künstliche Satelliten die Erde. Sie beobachten das Wetter, leiten über Navigationssysteme Autos auf der Erde zu ihrem Ziel, senden Fernsehprogramme in entlegene Teile der Erde und sind überhaupt sehr vielseitig. Der erste künstliche Satellit war Sputnik 1. Die Sowjetunion – das war der Vorgängerstaat des heutigen Russland – schickte ihn am 4. Oktober 1957 ins All.

HAST DU SCHON GEWUSST,

dass das gesamte Universum, das heute unvorstellbar groß ist, vor 15 Milliarden Jahren so klein war, dass es in eine Erbse gepasst hätte? Es kam zu einer ungeheuren Explosion, die man heute den „Urknall" nennt, und diese Erbse begann sich in einem ungeheuren Tempo auszudehnen. In den ersten Sekunden nach dem Urknall vereinigten sich die frühen, frei umher sausenden Atomkerne zu Wasserstoff und Helium. Im Lauf von Milliarden von Jahren entstand daraus das Universum, das wir heute kennen.

Schwerkraft

Körper ziehen sich gegenseitig an. Je größer und dichter ein Körper, desto größer ist auch seine Anziehungskraft. Die Schwerkraft der Erde sorgt zum Beispiel dafür, dass der **Mond** sie immer in einer gewissen Entfernung umkreist und nicht irgendwann abdriftet und im All verschwindet. Diese Kraft wirkt auch zwischen dir und der Erde. Dein Körpergewicht ist nichts anderes als die Kraft, mit der die Erde dich an den Erdboden zieht. Je weiter du dich aber von der Erde entfernst, um so geringer wirkt ihre Anziehungskraft. Im All wärst du deswegen völlig schwerelos – du würdest ohne Gewicht fliegen, solange du nicht in die Nähe eines anderen großen Himmelskörpers kämst, der dich mit seiner Schwerkraft wieder anziehen würde.

Weltraumstation Mir

Vegetation

Vegetation ist ein Oberbegriff für alle Pflanzen der Erde. In den verschiedenen Regionen oder **Klimazonen** ist sie sehr unterschiedlich.

Kein Leben ohne Pflanzen

Ohne Pflanzen und **Bäume** wäre die Erde so unbewohnbar wie der **Mond**. Nicht nur, weil es allein die grünen Pflanzen sind, die über die **Fotosynthese** Sauerstoff erzeugen können. Selbst wenn der Sauerstoff einfach so da wäre, wäre Leben ohne Pflanzen nicht möglich. Denn die Pflanzen stellen als einzige Lebewesen die Nahrung, die sie zum Leben brauchen, selbst her. Dabei produzieren sie **Vitamine**, **Mineralien** und Biostoffe, die für Menschen und Tiere lebensnotwendig sind. Wir können sie nur bekommen, indem wir die Pflanzen essen. Ohne die Pflanzen könnten wir also nicht leben.

Vegetation und Naturkatastrophen

Wo die Vegetation fehlt, sind auch **Naturkatastrophen** wesentlich schlimmer. Wo Pflanzen den Boden festhalten, sind Erdrutsche selten. Lawinen werden durch Bäume schon im Ansatz gebremst oder zumindest aufgehalten. Die Pflanzen speichern große Mengen Wasser und tragen damit dazu bei, dass es nach und nach verdunstet und wieder Teil des **Wasserkreislaufs** wird. Wo die Vegetation gesund und stark ist, haben Überschwemmungen weniger verheerende Folgen. Vegetation hält fruchtbare Erde fest, die sonst von **Wind** und Wasser weggetragen würde. Ohne Vegetation wird aus Ackerland schnell **Steppe** und aus Steppe **Wüste**.

Tropische Vegetation

In den tropischen Regenwäldern ist die Vegetation besonders üppig und artenreich. Man schätzt, dass ungefähr zwei Drittel aller bekannten Tier- und Pflanzenarten nur in den tropischen Regenwäldern und nirgendwo sonst vorkommen. Viele davon sind bis heute nicht erforscht, ja nicht einmal entdeckt worden. Typisch für Regenwälder sind auf einer Fläche von sechs Quadratkilometern etwa 1500 verschiedene Arten von Blütenpflanzen und 750 Baumarten (zum Vergleich: in ganz Deutschland gibt es auf 357.000 Quadratkilometern nur rund 2400 Arten von Blütenpflanzen und 30 Baumarten). Dabei sterben auch jedes Jahr viele Arten aus, noch bevor man sie überhaupt finden, beschreiben und fotografieren kann. Die riesi-

PROBIER ES AUS!

Pflanzen wachsen immer dem Licht entgegen, denn es ist einer der Grundstoffe, aus denen sie ihre Nahrung produzieren. Das kannst du sehen. Steck eine Bohne in einen Blumentopf mit Erde und gieße sie regelmäßig. Wenn die ersten grünen Blättchen herauskommen, stell den Topf in einen geschlossenen Schuhkarton. Oben in den Karton schneidest du ein Loch, durch das etwas Licht hineinkommt. Den Karton stellst du an ein sonniges Fenster und beobachtest, was passiert (vergiss nicht, die Bohne jeden Tag ein wenig zu gießen). Wie lange dauert es, bis die ersten grünen Blättchen durch das Loch im Karton kommen?

Tulpen waren im 17. Jahrhundert teure Luxusgüter

Im Regenwald am Amazonas ist die Vegetation üppig

gen tropischen Regenwälder gehören zu den wichtigsten Schätzen der Erde, denn sie haben großen Einfluss auf das **Klima** in allen Ländern, auf den weltweiten **Wasserkreislauf**, das **Wetter** und die Sauerstoffvorräte. Deshalb ist es überlebenswichtig für die ganze Menschheit, sie zu schützen und wieder aufzuforsten.

Tropische Pflanze

Kluge Pflanzen

Pflanzen haben viele Methoden, um ihr Überleben zu sichern. Blüten duften, um Insekten anzulocken, die sie dann bestäuben und so die **Fortpflanzung** der Pflanze sichern. Manche Pflanzen locken mit Duftstoffen Insekten als Helfer an, um sich gegen Raupen zu wehren. Dann legen diese Insekten ihre Eier in die Raupen, die Insektenlarven schlüpfen irgendwann aus und fressen die Raupen von innen heraus auf. Vor kurzem haben Forscher beobachtet, dass es eine Tabakpflanze gibt, die mit speziellen Düften die trächtigen Weibchen einer Mottenart abwehrt, die für die Pflanze schädlich ist. Sie lockt damit gezielt ganz spezielle Raubinsekten an, die genau diese Mottenart besonders gern fressen. Man kennt heute einige Pflanzenarten, die Schädlinge oder räuberische Insekten gezielt mit Duftstoffen beeinflussen.

HAST DU SCHON GEWUSST,

dass Tulpenzwiebeln im 17. Jahrhundert zu den teuersten Luxusgütern gehört haben? Ein Kaufvertrag aus dieser Zeit belegt, dass ein unbekannter Käufer für eine einzige Tulpenzwiebel vier Tonnen Weizen, acht Tonnen Roggen, vier Ochsen, acht Schweine, zwölf Schafe, 500 Liter Wein, 250 Liter Bier, 100 Kilo Butter, 500 Kilo Käse, ein Bett, ein Gewand und einen silbernen Trinkbecher gezahlt hat. Die ersten Tulpen waren 1554 aus der heutigen Türkei nach Europa gekommen und wurden seit 1570 in den Niederlanden gezüchtet.

Schmetterlinge werden von Blüten angelockt

Vitamine

Vitamine gehören wie die **Mineralien** zu den lebenswichtigen Nährstoffen, die unser Körper zum großen Teil nicht selbst herstellen kann. Deshalb müssen wir sie mit der Nahrung essen.

Abwechslung tut Not

Angeblich essen Kinder am liebsten Nudeln mit Tomatensoße, Fischstäbchen mit Ketchup und Pommes mit Majo. Du auch? Dagegen ist nichts einzuwenden – aber das allein ist zu wenig. Denn unser Körper braucht dringend Abwechslung. Es gibt sechs Mineralien, acht so genannte Spurenelemente und etwa 13 Vitamine, die er täglich braucht. Die sind in Obst und Gemüse, in Milch und Käse, in Fleisch und Fisch, Eiern und Nüssen enthalten. Frisches Obst und Gemüse enthält außerdem Biostoffe, die man auch die „Vitamine des 20. Jahrhunderts" nennt. Und die können noch viel mehr.

Biostoffe heilen

Schon die Kräuterfrauen des Mittelalters wussten es und moderne Wissenschaftler beweisen es immer wieder: In allen Pflanzen sind neben Vitaminen und Mineralien auch so genannte Sekundäre Pflanzenstoffe enthalten. Das sind die Bestandteile, die den Pflanzen zum Beispiel ihre Farbe, ihren Duft, ihren Geschmack geben. Diese Biostoffe schützen die Pflanzen auch vor Krankheiten

Ein leckeres Müsli enthält Vitamine und andere Nährstoffe

und vor Freien Radikalen (siehe Kapitel **„Naturgifte"**). Diese Schutzwirkung haben sie auch beim Menschen. Man weiß heute, dass sie vielen Krankheiten vorbeugen und in Maßen sogar von Krebs befallene Zellen reparieren können. Über die einzelnen Wirkungen der Biostoffe zu informieren, würde ein komplettes eigenes Buch füllen. Aber so viel ist sicher, sie sind ein weiterer Grund, jeden Tag frisches Obst und Gemüse zu essen.

PROBIER ES AUS!

Gesunde Ernährung ist gar nicht so schwer, wenn man ein paar Grundregeln befolgt. Ganz nebenbei nimmt man damit und mit etwas Geduld auch noch ab.

- Iss nur zu bestimmten Zeiten. Drei Hauptmahlzeiten und zwischendurch zwei kleine Imbisse sind gut – einer in der Schulpause und einer am Nachmittag.
- Iss weniger Fett. Zum Beispiel Salzstangen statt Chips, Rosinenbrötchen statt Croissants, Lachsschinken statt Salami.
- Iss viel frisches Obst und Gemüse, am besten fünf Mal am Tag. Paprikastückchen oder Äpfel zu knabbern tut deinem Körper besser als Süßigkeiten oder Chips. Besonders wenn du Akne hast.
- Vitamine und Mineralien sind nicht nur in frischem Obst und Gemüse, sondern auch in Vollkornbrot, Fleisch und Fisch, Eiern und Nüssen, Milch und Käse.
- Wenn du Heißhunger auf Süßes hast, iss einen Schokoriegel. Mach keine Tafel Schokolade auf – die Versuchung ist zu groß, mehr als einen Riegel davon zu essen. Weintrauben oder Gummibärchen sind auch süß.

Akne

Wenn du demnächst in die Pubertät kommst, passiert in deinem Körper eine Menge. Unter anderem produziert er so genannte Androgene. Das sind männliche Hormone, die bei Jungen beispielsweise dafür sorgen, dass in ihrer Gesichtshaut unzählige Haarschäfte wachsen, aus denen später die Barthaare sprießen. Mädchen bekommen zwar keinen Bart, entwickeln aber ebenfalls Androgene und damit, ebenso wie Jungs, Akne. Die Poren im Gesicht werden größer, verstopfen sich mit Talg, entzünden sich: Pickel sprießen.

Nähr- und Biostoffe helfen

Süßigkeiten und Kuchen machen Akne noch schlimmer. Dagegen haben sich einige konzentrierte Nährstoffe aus der Apotheke als hilfreich erwiesen. Chrom und Selen können Akne beispielsweise lindern. Beides ist in Bierhefetabletten enthalten. Auch mit Zinktabletten oder Vitamin-C-Selen-Tabletten haben Teenies gute Erfahrungen gemacht. Teebaumöl aus der Apotheke enthält Terpene. Das sind Biostoffe mit heilender Wirkung. Wenn man ein paar Tropfen Öl in Wasser auflöst und damit das Gesicht wäscht, hilft das. In unverdünnter Form kann man damit die entzündeten Stellen desinfizieren.

Futter fürs Hirn

Dein Gehirn muss täglich trainiert werden wie ein Muskel. Das

Fruchtsalat

machst du in der Schule und wenn du liest und im Grunde bei allem was du so tust. Um die Konzentration zu verbessern, braucht das Gehirn bestimmte Nährstoffe. Zum Beispiel Cholin. Das stellt dein Körper selbst her, aber auch Vollkornbrot, Eigelb und Bierhefe aus der Apotheke enthalten relativ viel Cholin. Wissenschaftler haben festgestellt, dass Nahrungscholin sofort ins Gehirn gelangt. Nicht nur kurz vor der Klassenarbeit!

Eiweißhaltige Lebensmittel

Ein abwechslungsreicher Speiseplan trägt zu unserer Gesundheit bei

Vögel

Vögel sind direkte Nachkommen der **Dinosaurier**. Ihre Flügel haben sich aus den Vorderbeinen dieser Ur-Reptilien entwickelt. Es gibt heute auf der Erde etwa 8500 Vogelarten. Der schwerste Vogel, der afrikanische Strauß, kann nicht fliegen und wiegt bis zu 125 Kilogramm. Der leichteste, der Kolibri, kann sogar rückwärts und wie ein Hubschrauber auf der Stelle fliegen und wiegt nicht mehr als ein Stückchen Würfelzucker, also knapp zwei Gramm.

Weißköpfiger Seeadler

Federgewichte

Die Federn bewahren wie ein Mantel die Körperwärme, damit die Vögel nicht auskühlen. Wusstest du, dass sie sich aus den Schuppen der Dinosaurier entwickelt haben? Sie bestehen – wie Haut, Haare oder Fingernägel bei uns Menschen – aus Keratin. Weil ein Vogel leicht sein muss, damit er fliegen kann, sind die Federn natürlich federleicht. Trotzdem sind sie immer noch schwerer als das Vogelskelett: Der Weißköpfige Seeadler zum Beispiel wiegt neun Kilogramm. Nur 270 Gramm davon machen seine Knochen aus, aber immerhin 670 Gramm die Federn.

Auftrieb

Zum Fliegen braucht jeder Vogel den Auftrieb. Das bedeutet, dass die Luft unter den Flügeln ihn tragen muss. Damit das klappen kann, sind die Flügel so geformt, dass die Luft schneller an ihrer Oberseite entlang fließt als an der Unterseite. Dieser Unterschied der Luftgeschwindigkeit drückt die Flügel nach oben. So ähnlich funktioniert das Fliegen auch bei Flugzeugen.

PROBIER ES AUS!

Das mit dem Auftrieb kannst du ausprobieren. Du brauchst dazu nur eine Schwungfeder – du erkennst sie daran, dass eine Seite schmaler ist als die andere –, einen Stock, den du in einen Blumentopf stecken kannst, damit er stabil steht, einen Reizwecken und einen Fön. Hefte die Feder mit dem Reißzwecken lose an den Stock. Die Spitze des Federkiels sollte zu dir zeigen. Dann schalte den Fön ein und blas Luft gegen die Feder. Beobachte, was passiert.

Vögel als Vorbilder

Leonardo da Vinci (1452–1519), ein vielseitiger Künstler, Ingenieur und Naturforscher, hat die Vögel beobachtet und versucht, sie „nachzubauen". Er hat eine der ersten Flugmaschinen der Menschheit konstruiert, von der aber nicht sicher ist, ob er sie jemals ausprobiert hat. Die modernen Pioniere der Luftfahrt haben daran angeknüpft und ebenfalls von den Vögeln gelernt. Alles was man heute über das Fliegen weiß, beruht ursprünglich auf Beobachtungen der Vögel.

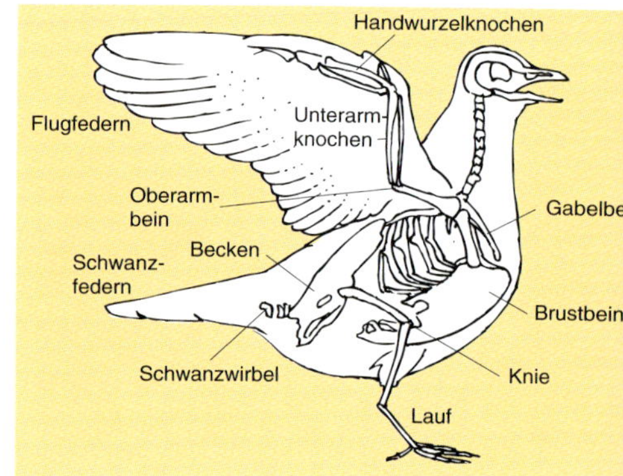

Vogel

Scharfe Augen

Nicht nur Adler haben scharfe Augen. Wenn so ein kleiner Vogel durch das Dickicht des Waldes fliegt, muss er oft in Sekundenbruchteilen die Richtung wechseln, um nicht gegen einen Ast zu prallen. Deshalb müssen auch seine Augen besonders scharf sein. Bei vielen Vogelarten sind sie sogar so schwer wie das Gehirn und bei manchen so groß, dass sie sich im Kopf berühren.

Wandervögel

Viele Vogelarten legen zweimal im Jahr große Strecken zurück. Das sind die Zugvögel. Eine der längsten Strecken bewältigt zum

HAST DU SCHON GEWUSST,

dass die Lungen von Vögeln so genannte Luftsäcke enthalten, die andere Tiere nicht haben? Damit können sie besser Sauerstoff aufnehmen. Bei der Kräfte zehrenden Arbeit des Fliegens brauchen sie einfach mehr davon.

Zugvögel sammeln sich

Adler sind geschickte Fischfänger

Beispiel der kurzschwänzige Sturmtaucher: Er brütet auf Inseln zwischen Australien und Tasmanien und legt 32.000 Kilometer zurück, um einmal um den Ozean zu fliegen und dann wieder zu „seinen" Inseln zurückzukehren. Die arktische Seeschwalbe zieht von der Arktis zur Antarktis und zurück. Und unsere Schwalben fliegen im Herbst nach Süden, um in wärmeren Regionen zu überwintern. Wann sie wohin fliegen müssen, haben die Vögel offenbar in den Genen.

Fluguntauglich

Nicht alle Vögel können fliegen. Bei Pinguinen sind die Flügel beispielsweise zu kurzen Stummeln verkümmert, mit denen sie aber sehr schnell und geschickt schwimmen können. Außerdem können einige von ihnen bis 250 Meter tief tauchen und bis zu 18 Minuten unter Wasser bleiben. Der Strauß, der wegen seiner enormen Größe und Stummelflügelchen auch nicht fliegen kann, ist dafür besonders schnell zu Fuß: Er kommt auf 70 Kilometer in der Stunde.

Gesangslehrer

Vögel lernen das Singen von ihren Eltern. Am Anfang können sie nur ganz einfache Laute von sich geben. Aber sie hören ihren Eltern gut zu und ahmen sie so lange nach, bis sie sich in ihrer Vogelsprache verständigen können. Denn Vögel verständigen sich mit ihrem Jubilieren, das für unsere Ohren so fröhlich nach Sommer klingt. Sie locken damit ihre Weibchen an, markieren ihr Revier oder warnen sich gegenseitig vor Gefahren.

Der Vogelstrauß kann ziemlich schnell rennen

Vulkane

Bei einem Vulkanausbruch quillt Lava aus dem Erdinneren

Vulkane kannst du dir wie Druckventile der Erde vorstellen: Die ist in ihrem Inneren so heiß, dass das Gestein flüssig ist. Man nennt es Magma. Wird es zu heiß, dehnt es sich aus und bricht sich einen Weg durch die Erdkruste. So entstehen Vulkane.

Vulkanasche

Wenn die Erdkruste aufbricht

Hat deine Mutter schon mal einen Topf mit Milch auf der heißen Herdplatte vergessen? Was war passiert? Die Milch wurde immer heißer, stieg im Topf nach oben und lief schließlich zischend über. Das kommt daher, dass sich Wärme nach oben hin ausdehnt. So ähnlich geht es auch unter der Erdkruste zu: Die Temperatur im Erdmittelpunkt beträgt etwa 7000 °C. Wo die Erdkruste etwas dünner ist – zum Beispiel an Stellen, wo zwei Kontinentalplatten zusammenstoßen (siehe unter **Erdbeben**) – wird sie durch die Hitze angehoben. Dabei kann ein Riss entstehen, durch den das flüssig glühende Gestein als Lava aus dem Erdinneren quillt, begleitet von heißem Dampf und einem Ascheregen: Ein Vulkan ist geboren. Flüssige Lava ist 1000 bis 1300 °C heiß. Wenn sie abkühlt, erstarrt sie zu grauschwarzem Gestein. Daraus entstehen Vulkankrater.

Vulkane wachsen

1943 pflügte ein Bauer in Mexiko seinen Acker, als ihm eine Mulde auffiel, die er vorher noch nie gesehen hatte. Sie qualmte und rauchte. Er versuchte das Feuer zu ersticken – ohne Erfolg. Stattdessen wölbte sich die Mulde zu einem kleinen Hügel. In der Nacht schoss plötzlich glühende Lava heraus und 48 Stunden später war bereits ein 50 Meter hoher Vulkankegel entstanden. Nach einem Jahr war er durch weitere Ausbrüche auf 450 Meter gewachsen.

Vulkane unter dem Meer

Nicht nur auf dem Festland gibt es Vulkane, sondern auch auf dem Meeresboden. Sie entstehen auf die gleiche Weise und werden ebenfalls mit jedem Ausbruch ein wenig höher. Schließlich erreichen sie die Meeres-

Lavastrom

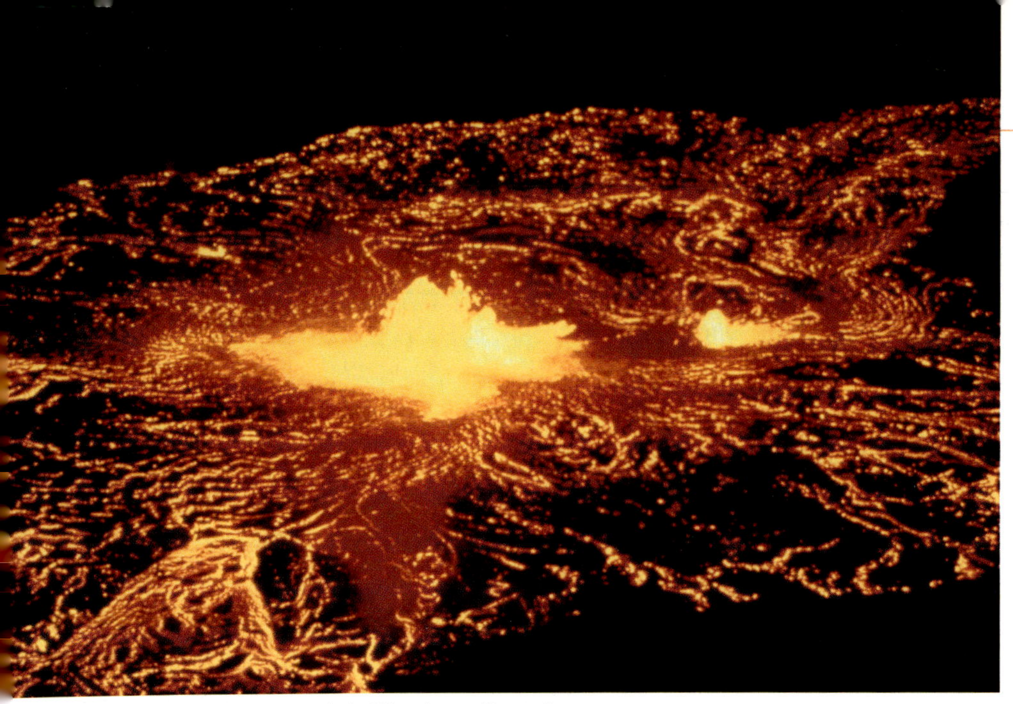
Im Inneren der Erde brodelt flüssiges Gestein

oberfläche und wachsen aus dem Wasser heraus. Viele **Inseln** sind auf diese Weise entstanden, unter anderem die Kanarischen Inseln vor der Nordwestküste Afrikas, die Äolischen Inseln im Mittelmeer oder Hawaii in der Südsee.

Die guten Seiten

Ein Vulkan spuckt nicht nur glühende Lava, sondern auch dunklen Qualm und große Mengen Vulkanasche. Diese Asche ist sehr fruchtbar. Deshalb leben oft besonders viele Menschen rund um einen Vulkan – auch wenn sie Angst haben müssen, dass er irgendwann wieder ausbricht. Die erkaltete Lava ist gutes Baumaterial, zum Beispiel für den Straßenbau. In einigen Ländern, wie in Island oder in Oberitalien, nutzt man auch die Wärme aus dem Inneren des Vulkans, um Strom oder heißes Wasser zu gewinnen.

Aktive Vulkane

Ungefähr 500 Vulkane auf der Erde sind auch heute noch mehr oder weniger aktiv. Am 14. Februar 2003 schossen glühende Gesteinsbrocken aus dem 5452 Meter hohen Popocatepetl in Mexiko, einem der gefährlichsten Vulkane im so genannten Feuerring rund um den Pazifik. Sollte er vollständig ausbrechen, ist durch das Abschmelzen seiner Gletscherkappe zusätzlich mit riesigen Schlammlawinen zu rechnen – und 65 Kilometer entfernt liegt die Millionenstadt Mexico City. Im Januar 2002 hat der 3425 Meter hohe Nyiragongo im afrikanischen Kongo einen großen Teil der afrikanischen Stadt Goma zerstört, fast hundert Menschen getötet und etwa eine halbe Million obdachlos gemacht. Es war eine der schlimmsten Vulkan-**Naturkatastrophen** seit langem.

Erloschene Vulkane

Rund 10.000 Vulkane auf der Erde sind erloschen. Doch darauf kann man sich nicht verlassen. 1991 brach beispielsweise der Pinatubo auf den Philippinen aus, nachdem er 600 Jahre lang keinen Mucks getan hatte. Etwa 300 Menschen kamen ums Leben. Erloschene Vulkane gibt es auch in Deutschland, zum Beispiel im Westerwald, in der Rhön, oder im Erzgebirge. Am bekanntesten sind die 250 Vulkane in der Eifel, die seit rund 11.000 Jahren friedlich sind. Aus dem Laacher See, einem ehemaligen Vulkankrater, steigt jedoch ständig blubbernd vulkanisches Gas auf. Beim letzten Ausbruch dieses Vulkans vor 12.900 Jahren waren die Magmasäulen bis zu 40 Kilometer hoch gestiegen. Ganz Mitteleuropa war damals mit der Asche bedeckt und das Schwefeldioxid in der Atmosphäre verschlechterte das Klima auf der gesamten Nordhalbkugel.

Frühwarnsystem

Erst seit wenigen Jahrzehnten machen Forscher in der Voraussage von Vulkanausbrüchen erste Fortschritte. Sie simulieren Vulkanausbrüche unter Laborbedingungen, um besser zu verstehen, was dabei passiert. Ihr Ziel ist, die Menschen in den Gefahrengebieten rechtzeitig zu warnen.

Erloschener Vulkan

Regenwälder sind lebenswichtig

HAST DU SCHON GEWUSST,

dass eine einzige Buche durch die **Fotosynthese** täglich zehn Kilogramm Traubenzucker herstellt? Dabei verbraucht sie ungefähr 10.000 Liter des Treibhausgases Kohlendioxid und bildet etwa die gleiche Menge an Sauerstoff.

Wälder

Noch vor tausend Jahren waren 13 Prozent der Erdoberfläche mit tropischem Regenwald bedeckt. Heute ist davon nur noch die Hälfte übrig. Aber es gibt auch in nördlichen Regionen der Erde große Waldgebiete, zum Beispiel in Finnland und Schweden, aber auch in Deutschland.

Unterschiedliche Wälder

Die mitteleuropäischen Wälder sind im Wesentlichen Laub- und Nadelwälder sowie Mischwälder. Hier stehen die **Bäume** meist so licht zusammen, dass die Sonne gut hindurch scheinen kann. Darunter wachsen niedrigere Büsche und unten am Boden gedeihen Farne, Pilze und Waldblumen, -gräser und -kräuter. In heißen, äquatornahen Regionen der Erde sind die Bäume oft viel höher als bei uns und stehen ziemlich dicht beieinander. Ihre meist sehr großen Blätter bilden ein dichtes Laubdach, durch das nur wenig Sonne dringt. Im Norden, wo die Winter lang und kalt sind und die Sommer kurz, wachsen immergrüne Wälder. Die Blätter der Bäume hier sind ähnlich wie die von Nadelbäumen. Sie haben eine kleine Oberfläche, damit nur wenig Wasser verdunstet.

Tropische Regenwälder

Die tropischen Regenwälder liegen um den zehnten Breitengrad nördlich und südlich des **Äquators**. Du findest sie vor allem in Mittelamerika, im südamerikanischen Amazonasbecken und im riesigen Flussgebiet des Kongo in Afrika. Außerdem bedecken sie ausgedehnte Gebiete in Südostasien. So nah am Äquator ist es das ganze Jahr über sehr heiß. Es gibt eigentlich nur eine Jahreszeit: andauernden Sommer mit viel Regen. Daher auch der Name Regenwald. Die hohen Baumkronen bilden ein dichtes Blätterdach. Weil da nur wenig Sonnenlicht hindurchkommt, ist es am Waldboden warm, dämmrig und feucht wie in einem Treibhaus.

Wichtige Sauerstoffproduktion

Die Regenwälder sind weit weg. Trotzdem sind sie auch für uns lebenswichtig. Denn sie produzieren mit Hilfe der **Fotosynthese** ein Viertel des gesamten Sauerstoffs auf der Erde. Riesige **Flüsse** fließen durch die ausgedehnten Waldgebiete und tragen einen wichtigen Teil zum Kreislauf des **Wassers** auf unserem Planeten bei.

Bedrohte Paradiese

In den meisten Ländern, in denen die Regenwälder liegen, wächst die Zahl der Einwohner sehr rasch. Immer mehr Menschen brauchen Nahrung und Wohnraum. Siedler fällen Bäume und verbrennen sie. Beim Verbrennen werden die Nährstoffe frei, die in den Urwaldriesen stecken. Sie werden unter die Erde gepflügt, damit mehr Getreide wächst. Nach wenigen Ernten sind diese Nährstoffe allerdings verbraucht, und die Siedler ziehen weiter und wiederholen das Gleiche an anderen Stellen. Jedes Jahr werden durch diese Brandrodungen und Abholzung bis zu 150.000 Quadratkilometer Regenwald vernichtet. Umweltschutzorganisationen wie Greenpeace oder das Green Belt Movement der Friedensnobelpreisträgerin von 2004, Wangari Maathai, setzen sich deshalb dafür ein, tropische Regenwälder wieder aufzuforsten und für jeden geschlagenen Baum mindestens einen neuen zu pflanzen.

Im Wechsel der Jahreszeiten

Lange nicht so groß wie die tropischen Regenwälder sind die Waldgebiete in Mitteleuropa. Auch Deutschland ist bekannt für seinen Waldreichtum. Die Laubwälder in unseren Breiten stehen im Sommer in vollem Blattgrün. Im Herbst färben sich ihre Blätter bunt und fallen ab. Den Winter überdauern die Bäume, indem sie mit dem wenigen Wasser auskommen, das die gefrorenen Böden noch hergeben. Im Frühling sprießen dann neue grüne Blättchen, die über den Sommer meist bis in den Herbst oder beginnenden Winter die Bäume wieder in voller Pracht erscheinen lassen. Auch diese Wälder sind bedroht. Durch Trockenheit, durch Gifte in der Luft und durch den sauren Regen.

Lebensbereiche im tropischen Regenwald

Europäische Urwälder

Im Norden von Europa gibt es riesige Urwälder, durch die Braunbären mit ihren Jungen ziehen, in denen Wölfe heulen und große Uhus leben. Der größte ist mit 1,2 Millionen Hektar der Dvinsky-Urwald im europäischen Teil Russlands. Auch hier werden jedes Jahr 15.000 Hektar Wald abgeholzt, um daraus Bauholz und Papier zu machen. Deshalb ist er in den vergangen vier Jahren um sechs Prozent geschrumpft. Auch in Finnland und Schweden gibt es große Urwälder, die bedroht sind. Organisationen wie Greenpeace setzen sich unermüdlich für ihren Schutz ein.

Braunbär mit Jungtier

Wasserkreislauf

Ohne Wasser gäbe es kein Leben auf der Erde. Mehr als zwei Drittel der Erdoberfläche sind davon bedeckt. Menschen und Tiere bestehen zu mehr als zwei Dritteln aus ihm. Ohne Wasser gäbe es auch keinen Sauerstoff: Um den durch **Fotosynthese** herzustellen, brauchen Pflanzen ebenfalls Wasser.

Über dem Meer bilden sich Wolken

Verdunstung

Die Feuchtigkeit in der Luft ist Bestandteil des Wasserkreislaufs. Der größte Teil dieser Feuchtigkeit steigt von den fünf Ozeanen der Erde auf, der Rest aus den vielen kleinen Wasserspeichern in Seen, Tümpeln, Wäldern, Sümpfen usw., die es rund um die Erde gibt.

Wolken sammeln die Flüssigkeit

Ständig verdunstet das Wasser. Die Sonne scheint auf **Meere**, **Seen**, **Flüsse**. Dabei steigt Dunst auf und vermischt sich mit der Luft. Über der Erde ist die Luft am wärmsten, aber warme Luft steigt immer nach oben. Dort ist es kalt. In kalter Luft verdichtet sich die Feuchtigkeit zu winzigen Tröpfchen. So entstehen Wolken. Werden die Tröpfchen schwerer als die Luft unter ihnen, fallen sie auf die Erde. Es regnet. Wenn die Luft sehr kalt ist, können die Regentropfen auch als Schnee oder Hagel auf die Erde niedergehen.

HAST DU SCHON GEWUSST,

dass Hagelkörner ganz schön groß werden können? 1981 wurde in Ohio (USA) eins gefunden, das 13,5 Kilogramm wog.

Lebendiges Wasser

Jeder Wassertropfen besteht aus Millionen von Wassermolekülen. Je wärmer das Wasser, umso lebhafter bewegen sie sich. Deshalb blubbert kochendes Wasser. Je kälter das Wasser aber wird, um so träger werden diese Moleküle – bis sie schließlich vor Kälte völlig erstarren. Ab 0 °C werden sie zu Eis.

Von oben nach unten – und wieder nach oben

Das Wasser fällt auf den Boden, sickert tiefer und gelangt so ins Grundwasser. Auf dem Weg durch die verschiedenen Erdschichten bleiben Schmutz und Verunreinigungen in der Erde hängen. Irgendwo tritt das

PROBIER ES AUS!

Nimm zwei gleich große Marmeladen- oder Jogurtgläser. Für eins davon brauchst du einen Deckel. Fülle beide Gläser gleich hoch mit Wasser. Eins verschließt du, das andere nicht. Lass beide über Nacht auf dem Tisch stehen. Am nächsten Morgen ist im offenen Glas weniger Wasser als im verschlossenen: Schon die Zimmertemperatur hat ausgereicht, um das Wasser in Dunst zu verwandeln, der aus dem Glas in die Luft aufgestiegen ist.

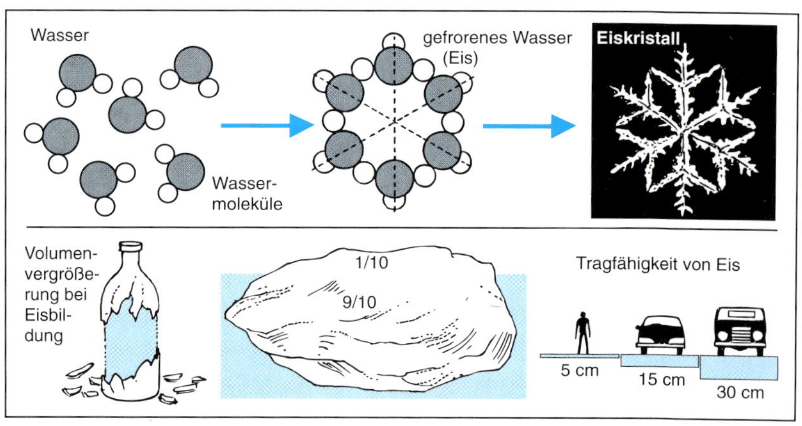

Entstehung von Eis

Kläranlagen reinigen verschmutztes Wasser

HAST DU SCHON GEWUSST,

dass ein einziger tropfender Wasserhahn dazu führt, dass pro Jahr zwölf Badewannen voll sauberem Trinkwasser verloren gehen? Du denkst vielleicht, so ein Tröpfchen ist nicht viel – aber Trinkwasser ist ein wertvolles Gut, mit dem wir sparsam umgehen müssen.

natürlich gereinigte Wasser dann als saubere Quelle wieder an die Oberfläche, wird zum Bach und zum Fluss und fließt irgendwann zurück ins Meer. Dort angekommen und auch schon unterwegs verdunstet ein Teil davon erneut und der ganze Kreislauf beginnt von vorn. Auch wenn das Wasser zwischendurch von Menschen, Tieren oder Pflanzen getrunken wird, scheiden die es wieder aus und es gelangt erneut in den natürlichen Wasserkreislauf.

Kläranlagen machen das Wasser sauber

Trinkwasser ist unser wichtigstes Lebensmittel. Deswegen gibt es zusätzlich zum natürlichen Wasserkreislauf auch einen künstlichen: Badewasser, Spül- und Waschwasser, auch Wasser aus der Toilette wird hier gesammelt und gereinigt. Zuerst wird der grobe Dreck mit einer Art Riesen-Kamm herausgefischt. Dann fließt das Wasser durch einen Sandfilter, der so funktioniert wie die verschiedenen Erdschichten beim natürlichen Wasserkreislauf: Schmutz bleibt darin hängen und wird so herausgefiltert. Später werden **Bakterien** hinzugefügt und fressen alle Schmutzstoffe, die nicht herausgefiltert werden konnten. Das Wasser ist danach wieder sauber und wird zurück in die Haushalte geleitet.

Weiches Wasser – harter Aufprall

Wenn du beim Sprung ins Wasser auf dem Bauch landest, fühlt sich das Wasser im ersten Augenblick so hart an wie ein Brett. Denn im Wasser drängen sich viele Millionen Wassermoleküle eng aneinander. Wenn du langsam hineinsteigst, schiebst du diese Moleküle einfach zur Seite. Aber wenn du springst, hat das Wasser nicht genügend Zeit, sanft auseinander zu gleiten. Dann treffen die Wassermoleküle und dein Körper durch das Tempo des Sprungs mit hoher Energie aufeinander. Und das kann ganz schön weh tun. Diese so genannte Oberflächen-Spannung des Wassers ist übrigens etwas sehr Positives: Sie verhindert, dass Schiffe untergehen.

Wasserläufer nutzen die Oberflächen-Spannung des Wassers

Wetter

Die **Sonne** scheint, Wasser verdunstet, es bilden sich Wolken. Kalte und warme Luftmassen führen zu Hoch- und Tiefdruckgebieten. **Winde** kommen auf. Wolken regnen ab – als Regen, Schnee oder Hagel. All das ist Wetter.

Meteorologen

Wissenschaftler, die das Wetter beobachten, heißen Meteorologen. Sie messen zum Beispiel mit Barometern den Luftdruck, also das Gewicht der Luft. Außerdem brauchen Meteorologen ein Thermometer, mit dem sie die Temperatur messen. Sie kontrollieren, wie schnell die Winde wehen und in welche Richtung, wie lange die Sonne scheint, wie viel Feuchtigkeit in der Luft ist und wie viel Regen, Schnee oder Hagel fällt. Weiter oben in der **Atmosphäre** benutzen sie zum Messen Wetterballons. Zusätzlich umkreisen Wettersatelliten die Erde. Alle Daten werden in vielen Wetterstationen auf der ganzen Erde in Computer eingegeben. Denn das Wetter funktioniert nach klaren Regeln. Deshalb kann man es ziemlich genau vorausberechnen.

PROBIER ES AUS!

Bau dir ein eigenes Barometer. Dazu brauchst du eine Tasse, eine Plastikflasche, einen Streifen Papier und etwas Tesafilm. Füll die Tasse etwa halb und die Flasche etwa zu drei Vierteln mit Wasser. Dann verschließt du die Flasche mit dem Daumen, kippst sie um und stellst sie mit der Öffnung nach unten in die Tasse. Das Wasser fließt nicht aus, der Wasserpegel in der Flasche bleibt ziemlich stabil. Dafür sorgt der Luftdruck auf der Wasseroberfläche der Tasse. Kleb nun mit dem Tesafilm den Papierstreifen auf die Flasche und markiere darauf den Wasserstand in der Flasche. Wenn der Luftdruck sinkt, wird auch der Wasserstand in der Flasche sinken; wenn er steigt, steigt auch der Wasserpegel in der Flasche. Markiere zum Vergleich jeden Wasserstand auf dem Papierstreifen.

Tiefdruck

In Tiefdruckgebieten ist es eher bewölkt. Es regnet oder schneit. Ein Tiefdruckgebiet entsteht, wenn wärmere Luft nach oben steigt. Die Luft in Bodennähe wird dadurch dünner und wiegt deshalb auch weniger. Tiefdruckgebiete entstehen zum Beispiel am **Äquator**, wo die warme, feuchte Luft hoch steigt. Die meisten Wolken,

Wetterstation

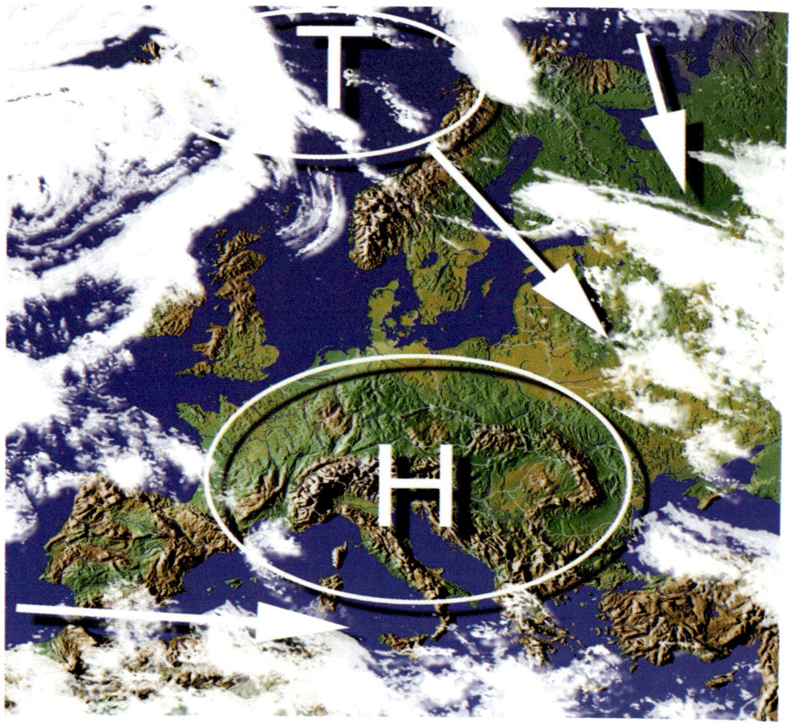

Die Wetterkarte zeigt Hoch- und Tiefdruckgebiete

die sich dadurch bilden, regnen sich gleich wieder über den Regenwäldern aus. Die warme Luft fließt nach Norden ab. Kühlere Luft drängt in Bodennähe in die Tiefdruckzonen nach, erwärmt sich, steigt auf – und so weiter. Auch im kühleren Norden bilden sich Tiefdruckzonen. Denn das Meerwasser verdunstet schon dann, wenn es nur wenig wärmer ist als die Luft.

Hochdruck

In einem Hochdruckgebiet ist das Wetter überwiegend ruhig und sonnig. Wenn die vom Äquator kommende ursprünglich warme Luft abgekühlt ist und langsam wieder zur Erde sinkt, verdichtet sich dadurch die Luft und damit ihr Gewicht. Der Druck auf die Erde wächst also. Sogar über den **Polarregionen** können sich Hochdruckgebiete entwickeln.

Der Golfstrom sorgt auf den Kanalinseln für mildes Klima

Kaltfront und Warmfront

Die Luft besteht aus kalten und warmen Luftmassen, deren Temperatur und Luftfeuchtigkeit immer gleich ist. Damit bestimmen sie das Wetter der Region, über die sie ziehen. Kalte Luft sinkt nach unten, warme steigt auf. Wenn warme und kalte Luftmassen aufeinander treffen, mischen sie sich nicht, sondern bilden so genannte Fronten. Trifft beispielsweise eine Kaltfront auf eine Warmfront, zwingt sie die warmen Luftmassen aufzusteigen. Umgekehrt kann eine Warmfront kalte Luftmassen vor sich her schieben.

PROBIER ES AUS!

Eine Luftmasse hat immer die gleiche Temperatur und Luftfeuchtigkeit. Aber was ist eine Luftmasse? Stell dich ein paar Minuten vor eine warme Heizung. Was spürst du? Eine warme Luftmasse. Stell dich anschließend ein paar Minuten vor den geöffneten Kühlschrank. Du spürst, wie der Kühlschrank die Luftmasse in seiner Umgebung abkühlt. Ebenso funktioniert das bei den Luftmassen in der **Atmosphäre**.

Meeresströmungen

Auch das Meer beeinflusst das Wetter. Zum Beispiel liegen Norwegen und Grönland auf etwa dem gleichen Breitengrad. Grönland ist vereist – in Norwegen ist es relativ mild. Das kommt vom so genannten Golfstrom. Der Golfstrom ist eine warme Meeresströmung, die an Norwegen vorbeifließt. Er macht zum Beispiel auch das Klima auf den Kanalinseln zwischen England und Frankreich so mild, dass dort Palmen und Kakteen gedeihen.

Elfriede gegen Fritz

Größere Tief- und Hochdruckgebiete haben Namen, um sie auseinander zu halten. Man beginnt am Anfang eines Jahres mit dem Buchstaben A und arbeitet sich bis Z vor – dann geht es wieder bei A los.

Satellitenaufnahme eines Hurrikans

Winde entstehen durch den Ausgleich der Hoch- und Tiefdruckgebiete. Ihre Stärken reichen vom lauen Lüftchen bis zu Stürmen, die so stark sind, dass sie **Naturkatastrophen** auslösen.

Wind entsteht in der Atmosphäre

Unsere **Atmosphäre** ist die Hülle, die unsere Erde umgibt. Sie besteht aus Luft. Ein Wind ist nichts anderes als bewegte Luft. Diese Bewegungen entstehen durch die Drehung der Erde und durch den Ausgleich zwischen Hoch- und Tiefdruckzonen: Warme Luft dehnt sich aus und wird leichter. Deshalb steigt sie nach oben. Kalte Luft strömt in die „Lücken", die dadurch entstehen. Diese nachströmenden Luftmassen nehmen wir als Winde wahr. Wie schnell und stark diese Winde sind, hängt davon ab, wie groß die Temperaturunterschiede benachbarter Regionen sind. Je nachdem, aus welcher Richtung jeweils die kühlere Luft nachströmt, ändert sich die Windrichtung. Gleichzeitig werden die Winde dadurch beeinflusst, dass sich die Erde dreht.

Winde fallen und steigen

Winde spielen eine wichtige Rolle für das **Wetter** überall auf der Erde. Sie tragen beispielsweise warme Luft vom **Äquator** in kühlere Regionen, auch zu uns. Manche können aber so stark werden, dass sie Mensch und Natur bedrohen.

Seewinde

entstehen dadurch, dass sich über dem Land die Luft schneller erwärmt als über dem Wasser und nach oben steigt. Dann strömt vom Meer her kühlere Luft in Richtung Land nach.

Fallwinde

entstehen dann, wenn sich im Tal die Luft schneller erwärmt als auf den Bergen. Die kühlen Luftmassen von den Bergen stürzen buchstäblich herab ins Tal, um den durch die aufsteigende warme Luft gesunkenen Luftdruck wieder auszugleichen.

Föhn

ist ein warmer, trockener Fallwind, der auf der windabgewandten Seite eines Gebirges ins Tal fällt.

Föhnwolken

Mistral
trägt im Winter kalte und trockene Luft aus den Alpen zur südfranzösischen Küste.

Monsun
ist ein Wind, der zu bestimmten Jahreszeiten sintflutartige Regenfälle nach Indien und Südostasien bringt.

Samum
ist ein trockener, heißer Wind in der Wüste, der riesige Sandwolken aufwirbelt. Er kann ein paar Minuten oder auch mehrere Tage dauern.

Wirbelstürme
sind zum Beispiel Tornados, Hurrikane, Zyklone oder Taifune.

Ein Tornado entsteht
vorwiegend in Nordamerika, wenn kalte, trockene Luft aus dem Westen auf sehr warme, feuchte Luft aus dem Süden trifft. Die warmen Luftmassen steigen in Spiralen nach oben und reißen Wassertröpfchen aus der Luft mit sich. Weiter oben kühlt die Luft ab und es entsteht eine trichterförmige, kreisende Wolke, die eine enorme Geschwindigkeit entwickelt. Im Inneren dieses Kreisels sinkt der Luftdruck immer weiter ab. Dieser Unterdruck richtet die meisten Schäden an.

Hurrikan
Ein Hurrikan ähnelt einem Tornado über dem Meer. Er entsteht, wenn über tropischen Gewässern feuchtwarme Luftmassen in große Höhen aufsteigen. Über 1800 Metern Höhe verwandelt sich die Feuchtigkeit durch die Kälte, die dort herrscht, in Regentropfen. Dadurch wird Wärmeenergie frei und es entsteht ein Sog. Der bildet eine Luftsäule, die bis zu 80 Kilometer hoch werden kann. Die Erdumdrehung bildet um diese Säule einen Luftwirbel. Der zieht neue Feuchtigkeit aus dem Meer, die Teil der Säule wird, noch mehr **Energie** erzeugt und dadurch den Sog weiter verstärkt. Zum Schluss wird dieser Luftwirbel immer schneller und zieht mit mörderischer Kraft über die Ozeane. Wehe dem Schiff, das seine Bahn kreuzt! Der Mittelpunkt, also das „Auge" eines Hurrikan kann einen Durchmesser von 16 Kilometern haben. Darin ist es völlig windstill. Aber die gesamte Säule aus Luft und Wasser kann Zehntausende von Kilometern zurücklegen und große Zerstörung anrichten. Hurrikane heißen im Pazifik Taifune und im Indischen Ozean Zyklone.

PROBIER ES AUS!
Was passiert, wenn der Druck absinkt? Nimm eine leere Wasserflasche aus Plastik und setz sie an den Mund. Sauge so viel Luft aus ihr wie du kannst. Sie wird ihre Form verlieren, denn normalerweise entspricht der Luftdruck im Inneren der Flasche dem äußeren Luftdruck. Nun ist aber der Luftdruck außerhalb der Flasche wesentlich höher und presst die Flasche zusammen. So ist es beim Tornado: Der Luftdruck im Tornado ist wesentlich geringer als der in einem Haus. Das Haus wird deshalb bersten, wenn der Tornado es „erwischt".

Ein Tornado fegt übers Land

Wirbellose Tiere

Fische, **Vögel**, **Säugetiere**, **Amphibien** und **Reptilien** haben eine Wirbelsäule. Andere Tiere haben keine Wirbelsäule. Die nennen wir wirbellose Tiere. Sie bilden insgesamt die größte Gruppe von Tieren, denn auch die **Insekten und Spinnentiere** gehören zu ihnen. Hier lernst du ein paar weitere wirbellose Tierarten kennen.

Längliche Bodenverbesserer

Heute sind ungefähr 9000 Arten von Ringelwürmern bekannt, unter anderem die Regenwürmer. Um sich fortzubewegen, ziehen sie sich zusammen und strecken sich wieder. Die meisten Regenwürmer sind zwei bis 30 Zentimeter lang. Sie leben von Erde und organischen Überresten – also von herabgefallenen Blättern oder Küchenabfällen, die sie fressen und zu Erde verdauen.

HAST DU SCHON GEWUSST,

dass es in Afrika Regenwürmer gibt, die bis zu zwei Meter lang werden können?

Für die Böden sind Regenwürmer lebenswichtig, denn sie lockern die Erde auf und vermischen sie. Ohne diese fleißigen Würmer wären die meisten Böden klumpig und hart und würden zu wenig Sauerstoff enthalten.

Harte Schale, weicher Kern

Zu den Wirbellosen gehören auch die Weichtiere wie Muscheln, Schnecken und Tintenfische. Die meisten Weichtiere leben im Meer, und bis auf die Tintenfische und einige Nacktschnecken haben sie fast alle ein hartes „Haus" aus Kalk. Diese Muschelschalen und Schneckenhäuser wachsen mit, wenn die Tiere größer werden. Es gibt unzählige Formen von Schneckenhäusern und Muschelschalen, an denen man die einzelnen Arten unterscheidet. Viele Menschen sammeln sie – und leider achten nicht alle darauf, ob die Schalen wirklich leer sind. Damit töten sie die Tiere und tragen zu ihrem Aussterben bei. Sammle bitte nur Schalen und Muscheln, die du selbst gefunden hast und bei denen du sicher bist, dass sie leer sind.

HAST DU SCHON GEWUSST,

dass es Muscheln gibt, die davonlaufen können? Sie haben einen Fuß, den sie bei Gefahr aus der Schale strecken, um wegzulaufen. Damit können sie sich auch eingraben.

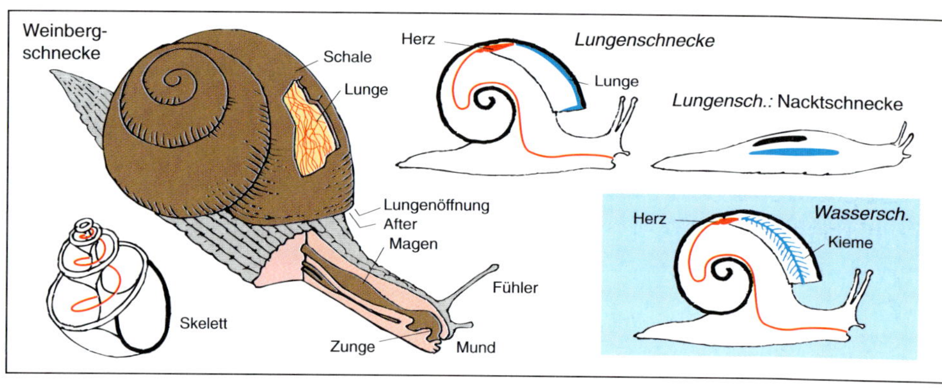

Schnecken

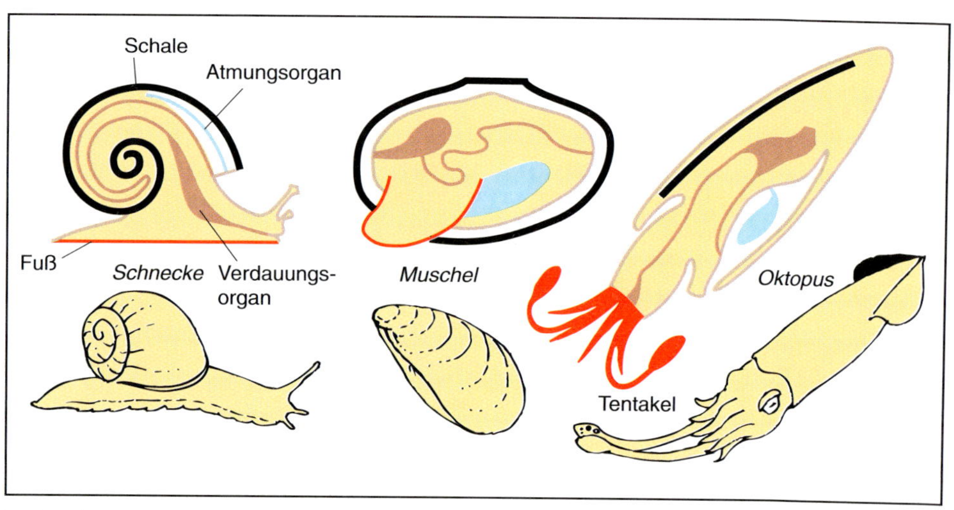

Weichtiere

PROBIER ES AUS!

Wenn du sehen willst, wie Regenwürmer „arbeiten", sammle draußen ein paar von ihnen und gib ihnen ein neues Zuhause in einem möglichst großen Gurkenglas. Füll das Glas aber erst mit verschiedenen Sorten Erde: zum Beispiel eine Schicht Gartenerde, eine Schicht Sand, eine Schicht Lehm. Oben drauf legst du Küchenabfälle wie Zwiebelreste, ein wenig Kaffeesatz oder ein zerkleinertes Stückchen Salatblatt. Halte die Erde immer feucht, deck ein Tuch über das Glas und stell es an einen kühlen, dunklen Ort. Die Würmer werden Tunnel graben und damit nach und nach die Erdschichten mischen. Dabei wird die Erde deutlich lockerer. Die Abfälle werden zu feiner Gartenerde. Und wenn du wissen willst, woher die Würmer ihren Namen haben, lass es einfach ein wenig in das Glas „regnen". Wenn du die Würmer einige Zeit beobachtet hast, bring sie bitte wieder zurück ins Freie.

Muscheln gibt es in vielen Farben und Formen

Seitwärts durch die Meere

Krebstiere gehören ebenfalls zu den Wirbellosen. Das sind zum Beispiel Krebse und Krabben. Hättest du gedacht, dass sie in die gleiche Klasse gehören wie die **Insekten und Spinnentiere**? Wenn Krebse wachsen, wächst ihr Panzer nicht mit. Deshalb häuten sie sich von Zeit zu Zeit: Unter dem alten Panzer wächst der neue nach. Wenn der neue fertig ist, fällt der alte ab. Manche Krebse – zum Beispiel Einsiedlerkrebse – haben gar kein eigenes Gehäuse, sondern krabbeln in die abgelegten Kleider anderer Krebse oder in Muschelschalen. Zu den Krebstieren gehören auch die Krabben, die sich seitwärts fortbewegen. Übrigens sind auch Kellerasseln Krebstiere. Sie atmen mit Kiemen, obwohl sie auf dem Land leben. Deshalb findet man sie nur da, wo es feucht ist.

Viele Formen und Farben

Die letzte Gruppe der Wirbellosen sind die so genannten Stachelhäuter wie beispielsweise Seeigel und Seesterne. Bisher wurden etwa 1500 verschiedene Seesternarten in den Weltmeeren entdeckt. Die meisten leben auf den Meeresböden, viele auch auf **Korallenriffen** oder in **Höhlen**. Seesterne haben weder ein Gehirn noch ein Herz, noch Augen. Sie fressen gern Muscheln und Krebse, sogar kleine Fische. An der Unterseite des Seesterns ist seine Mundöffnung. Durch die presst er seinen Magen und stülpt ihn über seine Beute. Sehr appetitlich!

Krebstier

HAST DU SCHON GEWUSST,

dass ein Arm, den ein Seestern verliert, wieder nachwächst? Aus dem abgefallenen Arm kann dann sogar ein neuer Seestern werden – wenn er unversehrt ist.

Wüsten

Etwa ein Drittel der festen Erdoberfläche besteht aus Wüsten. Entweder ist es dort so heiß und es gibt so wenig Wasser, dass nur wenige Pflanzen und Tiere überleben können – das sind die Trockenwüsten. Oder es ist so kalt, dass kaum etwas gedeiht – in den Kältewüsten der **Polarregionen**.

Die Sahara

Die größte Wüste der Erde ist die Sahara. Mit 9.100.000 Quadratkilometern ist sie mehr als 25-mal so groß wie ganz Deutschland und bedeckt ein Drittel des gesamten afrikanischen Kontinents. Sie umfasst elf Staaten: Marokko, Algerien, Tunesien, Libyen, Ägypten, Sudan, Tschad, Niger, Mali, Mauretanien und Westsahara. Im Sommer ist es in der Sahara tagsüber durchschnittlich um 40 °C heiß, es kann aber auch viel heißer werden. Nachts wird es dagegen ausgesprochen kalt. Nur ungefähr ein Neuntel der Sahara besteht aus den charakteristischen Sandwüsten mit den eindrucksvollen Dünen. Im Inneren gibt es steinige Regionen und Gebirgsmassive von bis zu 3415 Metern Höhe. Hier beginnen trockene Flussbetten, die so genannten Wadis. Vermutlich sind sie in einer Zeit entstanden, als die Sahara noch keine Wüste war.

HAST DU SCHON GEWUSST,

dass in der Sahara mehr Menschen ertrinken als verdursten? Denn wenn es dort einmal regnet, dann äußerst heftig. Im Nu füllen sich die ausgetrockneten Flusstäler, die Wadis, und werden plötzlich zu reißenden Flüssen. Wer nicht aufpasst, wird mitgerissen.

Sanddünen werden vom Wind gebildet

Der heißeste und der kälteste Wüstentag

Der bisher heißeste Tag in einer Trockenwüste war der 13. September 1922. An diesem Tag wurden in Al Aziziyah in Libyen 58 °C gemessen. Im Schatten! In der Arktis kann die Temperatur bis auf -50 °C sinken. Das ist fast dreimal so kalt wie in einer Gefriertruhe. Der bisherige Kälterekord: Am 21. Juli 1983 wurden in Wostok -89,2 °C gemessen.

Oasen

In Trockenwüsten kommen Pflanzen nur an manchen Stellen rund um Quellen vor. Hier leben Menschen und Tiere und wachsen zum Beispiel Dattelpalmen. Diese grünen Inseln in der Wüste nennt man Oasen. In den Eiswüsten der Polarregionen werden eisfreie Gebiete als Oasen bezeichnet, an denen der Grundwasserspiegel höher liegt und deshalb bestimmte Pflanzen gedeihen können.

Kein Regen

Die meisten Trockenwüsten liegen an den Wendekreisen, also um den 30. Breitengrad nördlich und südlich des **Äquators**. An ihm scheint die **Sonne** am heißesten, die Luft dehnt sich aus, steigt auf und kühlt ab. Dadurch bilden sich Wolken, die im Bereich des Äquators abregnen. Übrig bleibt relativ trockene Luft, die im großen Bogen nach Norden und Süden zu den Wendekreisen fließt. Dort lösen sich die wenigen Wolken auf – es regnet nicht.

Kaktus

Wüsten dehnen sich aus

Die „Verwüstung" der Erde nimmt zu. Jedes Jahr werden weitere 100.000 Quadratkilometer Erde zu lebensfeindlichen Wüsten. Das hängt unter anderem damit zusammen, dass an den Rändern der Wüsten Menschen leben, die arm sind und jedes noch so kleine bisschen Leben zum eigenen Überleben nutzen. Sie lassen ihre Schafe und Ziegen die spärlichen Gräser abfressen, die sich in den **Steppen** am Rand der Wüsten noch halten können. Sie holzen **Bäume** ab, weil sie Brennholz brauchen, um ihr Essen zu kochen. Die Wurzeln der Gräser und Bäume aber haben die Erde festgehalten. Wenn sie das nicht mehr tun, trägt der **Wind** sie davon – und wieder ist ein Stück Land zu Wüste geworden. Die Menschen ziehen weiter und das Ganze wiederholt sich.

Überlebenskünstler

Es ist erstaunlich, wie viel Leben es in den Wüsten gibt. Es haben sich einige Völker den Bedingungen dort angepasst, aber auch Tiere wie zum Beispiel der Fenek (ein Wüstenfuchs) in Afrika, verschiedene Schlangen und Echsen, eine ganze Reihe von **Insekten** bis hin zum Skorpion sowie Kamele. In den Eiswüsten gibt es immerhin einige Arten von Flechten, in den Trockenwüsten außerdem unterschiedliche Kakteen- und Aloenarten und niedrige Büsche.

HAST DU SCHON GEWUSST,

dass die Schäden durch die Verwüstung pro Jahr rund 40 Milliarden Euro kosten? Für die Hälfte dieser Summe könnte die weitere Verwüstung der Erde gestoppt werden, haben Wissenschaftler errechnet. Es gibt keinen Grund, warum die Politiker lieber 40 Milliarden für eine weitere Verschlechterung zahlen als 20 Milliarden für eine langfristige Verbesserung.

In Trockenwüsten gibt es nur ganz selten Pflanzen

Register